圖解 有趣到不想睡

眠れなくなるほど面白い 図解 脳の話

腦的應用科學

一本講透大腦結構、解析腦力關鍵、助你掌握AI時代的大腦活用術

腦科學權威
茂木健一郎 著
KENICHIRO MOGI

林冠汾 譯

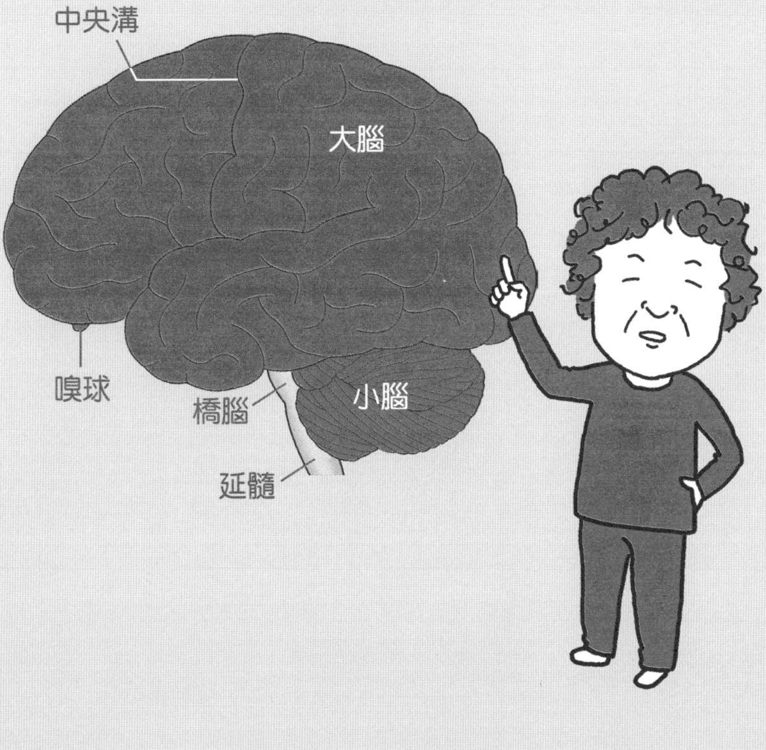

晨星出版

前言

人們對於腦部的關注度年年提升，從掀起一陣「腦科學熱潮」開始，到近來因人工智慧的發達而帶來的危機意識，也讓人們對於腦部更加感興趣。

在多數的領域裡，人工智慧早已超越人類的能力，像在圍棋、象棋、西洋棋等棋藝方面，都已遠遠凌駕於人類之上，更別說是計算能力了，人工智慧的模式認知能力也已勝過人類。

「在這樣的時代下，人類的腦部應該發揮什麼功用？」、「每天應該怎麼過日子？」、「生活中應該留意些什麼？」、「應該如何教育子女？」，不限於專家，一般人也開始會這樣詢問自己或周遭的人。

本書將採用圖解的方式，著眼於人們對腦部感興趣的話題，以及有必要知道的基本知識加以整理說明。讀者朋友們若能夠從頭到尾讀完本書，相信對腦部將會比閱讀前有更深入的了解，也會產生一股「我能向前邁進」的自信，而不畏懼人工智慧時代的到來。

人工智慧的發達是一件了不起的事，但人類的腦部也不遜色。尤其在與他人交換各種意見或共享情感時的「溝通」上，以及在構思出前所未有的嶄新點子或激發靈感的「創造力」上，人類的大腦依舊有著無窮的潛力。

在「溝通」以及「創造力」上，最重要的是每一個人的「個性」，個性是由缺點和優點拼湊而成，其整體的存在才具有意義。假設這裡有一百個人好了，這一百個人的個性都是「標準答案」，既不分上下、也沒有名次或百分等級。

不過，為了能夠好好發揮這獨一無二的個性，必須先了解自己。我們應當好好發揮大腦額葉的作用，也就是利用可審視、控制自己的「後設認知功能」，去取得一面可以照出自己的「鏡子」。

雖說人人都有個性，但每個人之間並非毫無共通點可言，只要是人類，無論是誰的腦部都是適用的。腦科學的存在當然是為了有助於剖析個性，但在剖析個性之前，先查清楚有哪些性質可符合任何人，亦是腦科學的存在意義。在此衷心期望大家能夠透過閱讀本書，先確實掌握自己的腦部作用以及結構，屆時相信各位將會發現科學的偉大。

衷心期望大家先做到這點後，再花時間去細細思考、深深感受自己擁有哪些別人沒有的獨特才華，以及自己有什麼優缺點。人生是一趟旅程，若不先了解自己，要如何走過一趟愉快的旅程呢？

但願本書可以化為一面「鏡子」，幫助大家在人工智慧時代裡看清楚自己，那將會是身為作者的我最大之榮幸。

2020年1月

茂木健一郎

腦部的整體構造

※剖面圖

腦部表面

中央溝（Central sulcus）

位於大腦表面的凹陷腦溝之一，區分出額葉和頂葉。

大腦

由覆蓋表面的大腦皮質（灰白質）以及內部的髓質（白質）所構成。

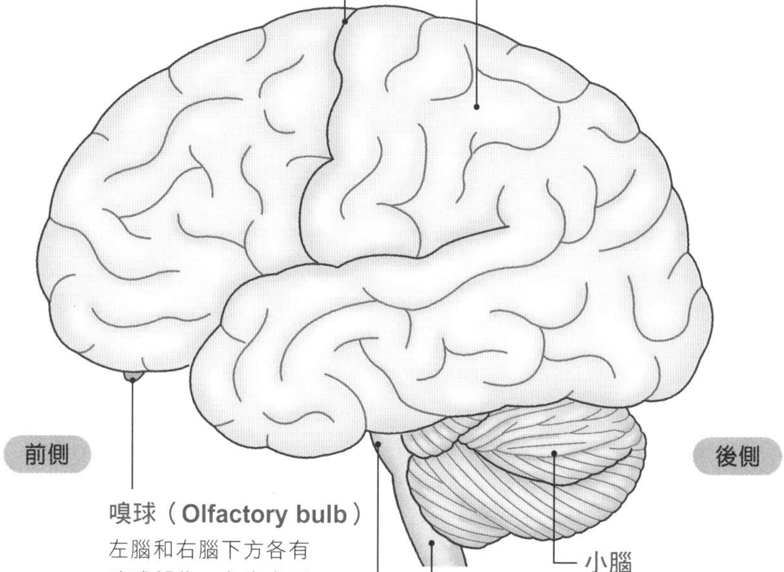

嗅球（Olfactory bulb）

左腦和右腦下方各有嗅球部位，負責處理從鼻子傳遞過來的嗅覺訊息。

小腦

與大腦分工合作，負責調節活動肌肉時的力道強弱，並控制動作的平衡。

橋腦（Pons）

大腦皮質所發出的運動刺激，會經過橋腦傳遞給小腦。

延髓（Oblongata）

為控制呼吸、心跳、血液循環、消化的中樞，對於維持生命有不可或缺的功能。

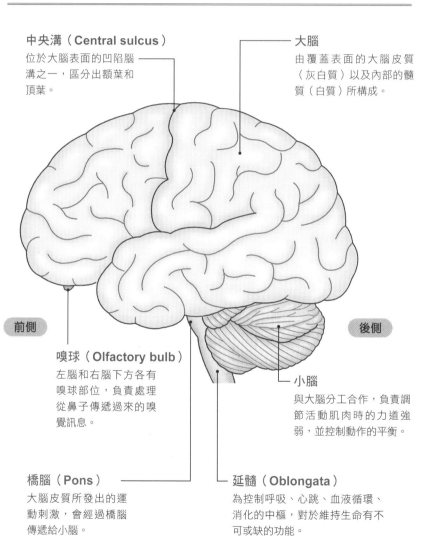

腦部可大致分為大腦、小腦以及腦幹共三個部位，
而其中大腦占了約85%的區域。
腦幹是由間腦、中腦、橋腦、延髓所構成。
一起來看看腦部這個生命活動中樞有著什麼樣的構造吧！（細節請參照第5章）

腦部剖面

胼胝體（Corpus callosum）
負責連接左、右腦。為橋腦的工作夥伴，並透過橋腦進行訊息的交換。

松果體（Pineal body）
為內分泌器官，負責分泌與睡眠息息相關的荷爾蒙、褪黑素。

視丘（Thalamus）
將全身感覺及知覺傳達給大腦的中繼站。

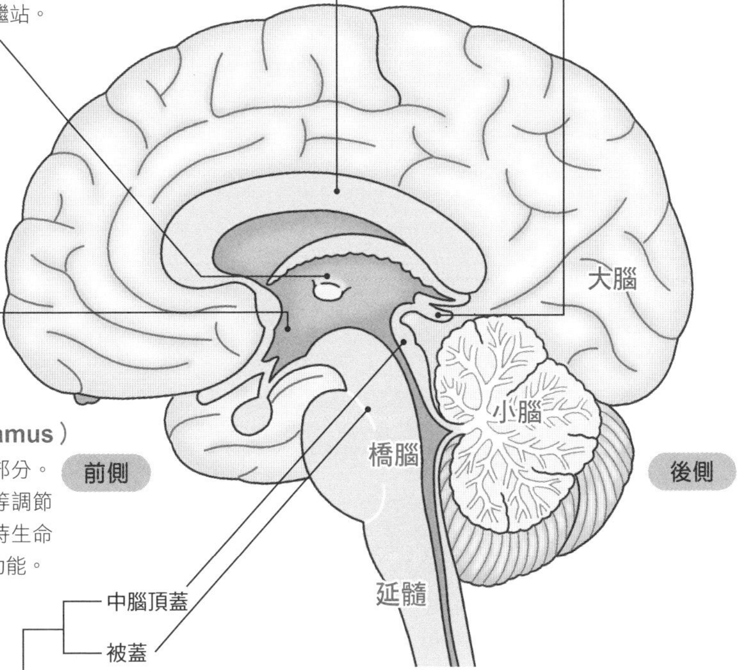

下視丘（Hypothalamus）
屬於間腦的一部分。為體溫、血糖等調節中樞，具有維持生命之不可或缺的功能。

中腦頂蓋
被蓋

中腦（Midbrain）
負責連接腦幹和大腦，具有調節眼球動作的功能。

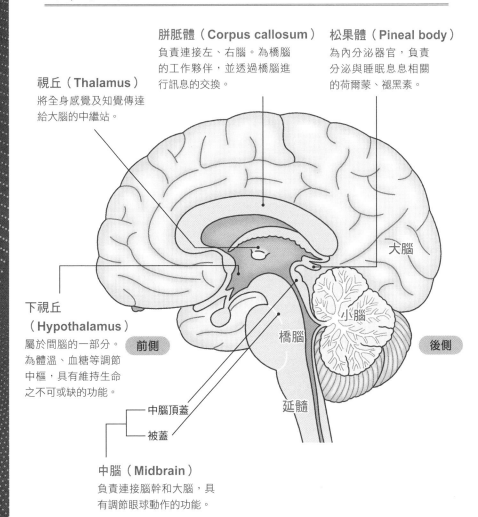

大腦的整體構造

※剖面圖

大腦半球的構造

額葉（Frontal lobe）
負責控制身為人類才會有的精神作用，如控制思考、判斷、創造、記憶、欲望、情緒控管等等。另外，額葉也負責控制運動。

頂葉（Parietal lobe）
負責統合臉部和四肢會有的「觸摸感」、「被觸摸感」等感覺訊息，也負責視覺空間的處理。

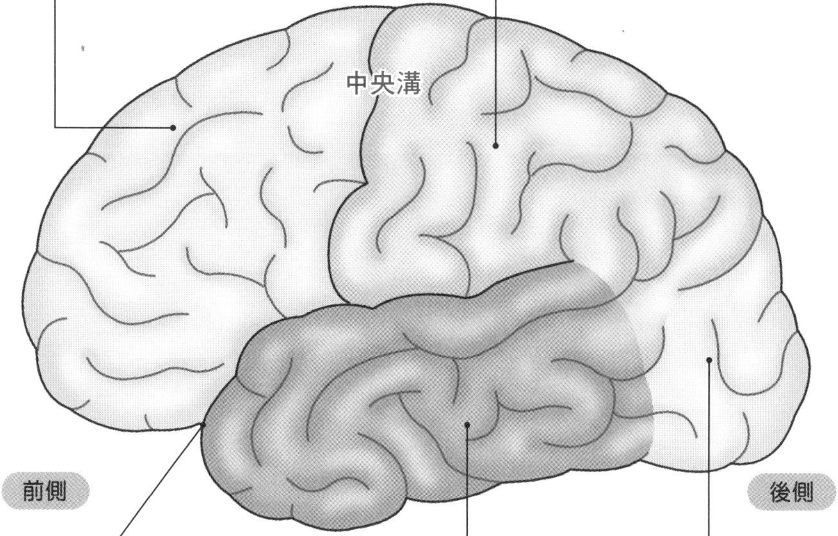

外側溝（Lateral sulcus）

顳葉（Temporal lobe）
與聽覺、語言、記憶有極深的關聯，負責處理聲音、顏色以及形狀的訊息。

枕葉（Occipital lobe）
負責處理視覺所傳遞的訊息，也負責辨識色彩。

大腦占了腦部的大部分區域，可分為右腦和左腦，
以被稱為腦溝的凹陷部位為界線，可再將右腦和左腦細分為4個葉。
大腦的表面覆蓋著一層大腦皮質，而大腦皮質為神經細胞聚集而成的組織，
依其部位的不同，在功能上會有所差異（細節請參照第5章）。

大腦半球的剖面

扣帶迴（**Cingulate gyrus**）
屬於大腦邊緣系統的一部分，負責調節血壓、心跳、呼吸器，以及決策、同理心、認知等情緒。

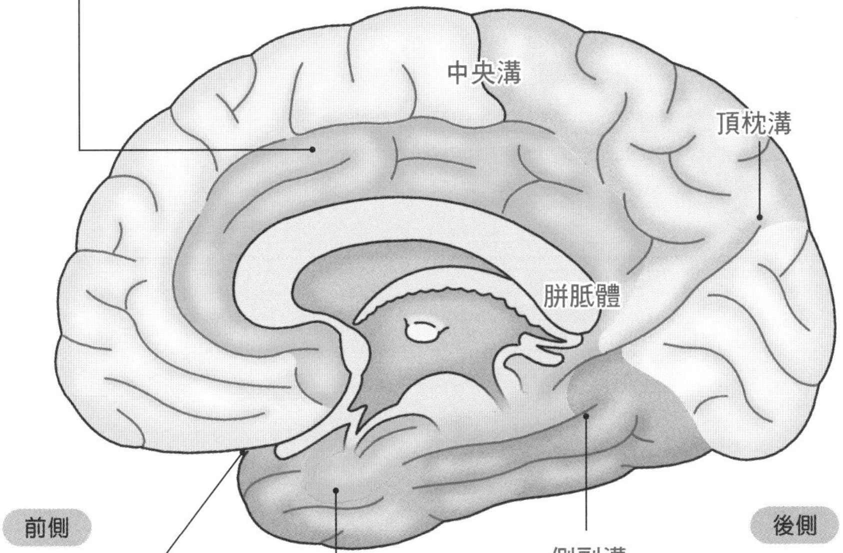

側副溝
（**Sulcus collateralis**）

外側溝

海馬旁迴
（**Parahippocampal gyrus**）
屬於大腦邊緣系統的一部分，負責掌控與大自然、城市等景色影像有關的地理風景記憶以及長相的辨識。

生物的腦部進化史

進化為哺乳類之前的脊椎動物腦部

兩棲類、爬蟲類的起源早於哺乳類，牠們擁有肥大化的視葉和嗅球，以保護自己不陷入危險。

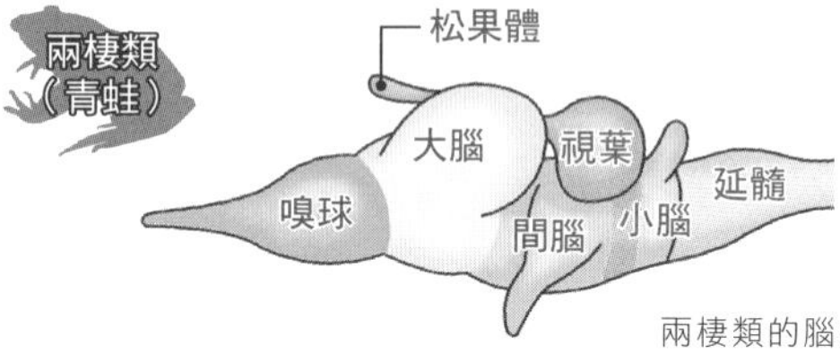

兩棲類
（青蛙）
松果體
大腦
視葉
延髓
嗅球
間腦
小腦

兩棲類的腦部是由膨大的神經管所形成，但大腦的容量很小。

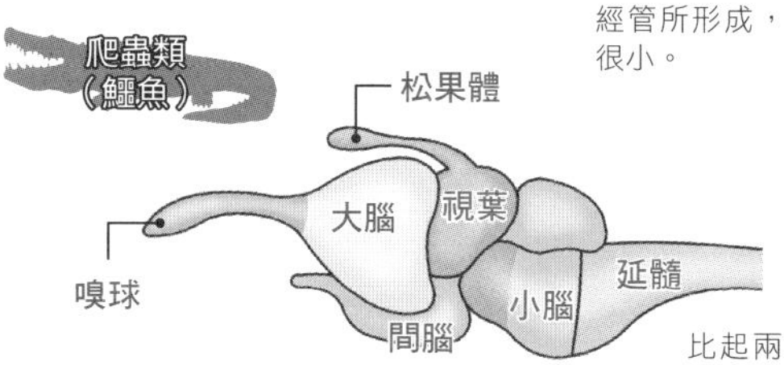

爬蟲類
（鱷魚）
松果體
大腦
視葉
嗅球
延髓
小腦
間腦

比起兩棲類，爬蟲類的嗅球部位逐漸退化，大腦部位變得膨大。

哺乳類腦部的進化

哺乳類的嗅球退化，大腦明顯變得發達。尤其是大腦皮質會隨著進化成高等生物而增加，大腦占整體腦部的比例也會增高。

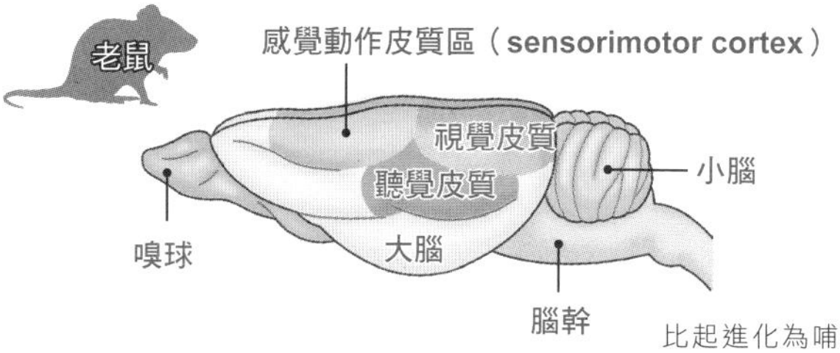

老鼠
感覺動作皮質區（sensorimotor cortex）
視覺皮質
聽覺皮質
小腦
嗅球
大腦
腦幹

比起進化為哺乳類之前，大腦顯得發達，但容量依舊很小。

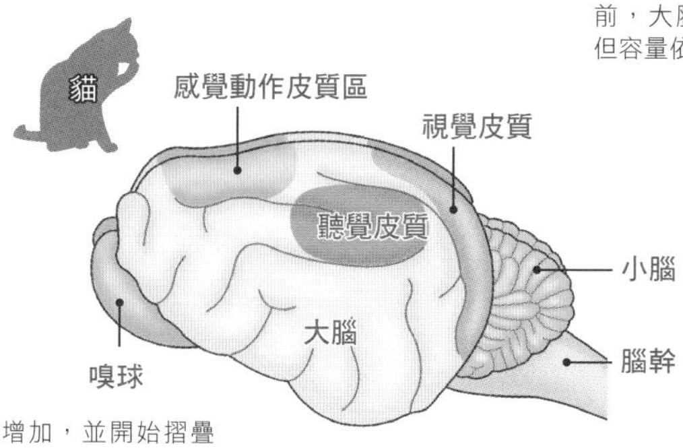

貓
感覺動作皮質區
視覺皮質
聽覺皮質
小腦
大腦
腦幹
嗅球

大腦的容量增加，並開始摺疊大腦以確保大腦完全包覆在顱蓋內，表面也因此出現皺褶。

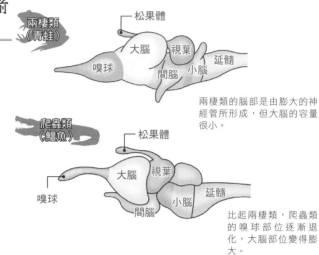

中樞神經系統是由腦部和脊髓所構成，源自海鞘等脊索動物身上可發現到的「神經管」組織。雖然初期的神經管只有少量的神經細胞，但後來逐漸進化，最終發達成為人類的腦部。
讓我們照著進化順序，一起來看看動物和人類的腦部有何不同吧！

黑猩猩

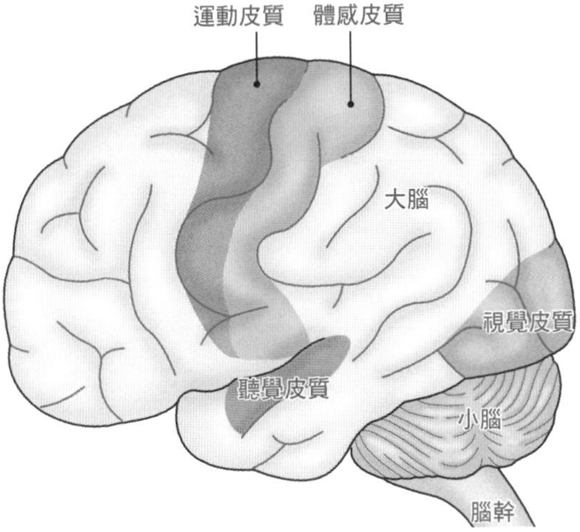
運動皮質
體感皮質
大腦
視覺皮質
聽覺皮質
小腦
腦幹

掌控運動、感覺、特別是視覺的區域十分發達，大腦皮質的面積也有所增加。

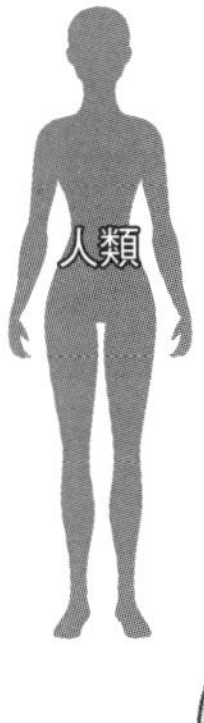
人類

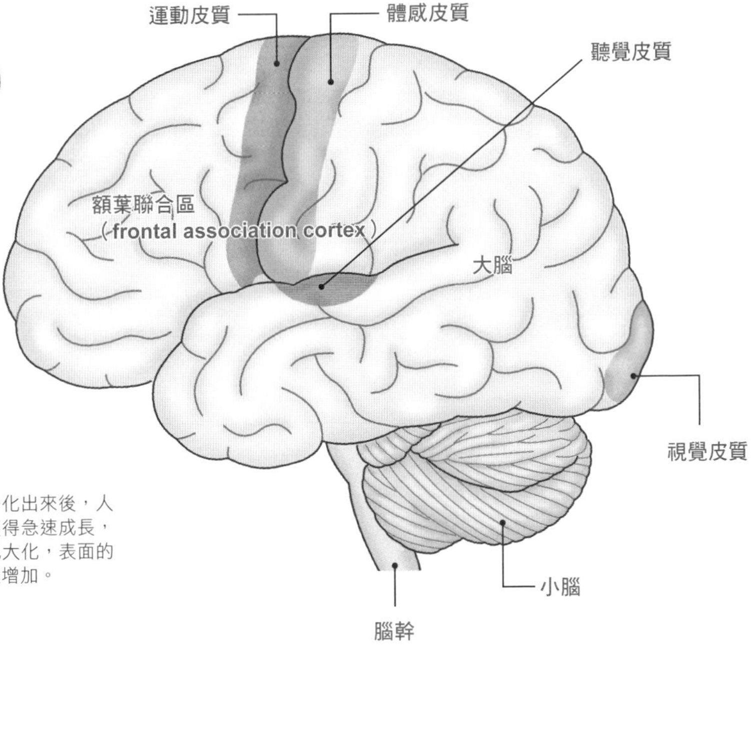
運動皮質
體感皮質
聽覺皮質
額葉聯合區
（frontal association cortex）
大腦
視覺皮質
小腦
腦幹

從靈長類分化出來後，人類的腦部獲得急速成長，隨著腦部肥大化，表面的皺褶也急遽增加。

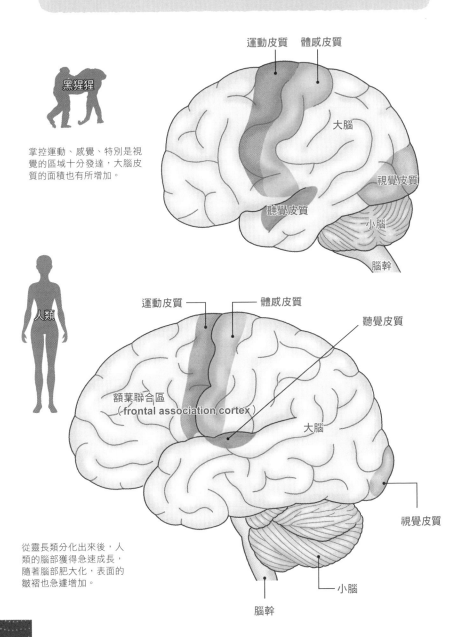

《腦的應用科學》目次

第1章 腦部使用說明書
腦部的基本知識

第2章 有成長能力的腦部
使腦力發揮到淋漓盡致的方法

第3章 腦部是創意的泉源
未來是創意當道的時代

第4章 AI和腦部的未來
在AI時代裡該如何活用腦部？

第5章 腦部的作用

一起來看看一部分的腦部功能吧！

〈日文版 staff〉
內文設計 Isshiki（Digical）
插圖 竹口睦郁
編輯協助 阿南正起
風土文化社（大迫倫子）

第1章

腦部使用說明書

腦部的基本知識

1 腦部明明是一種物質，為什麼會產生意識？

至今仍是未解開的最大現代科學之謎

關於腦部的終極謎題，莫過於是腦部為何會產生意識、為何會出現情緒了吧？

即便是腦部的神經細胞，經過深入探究後也會發現它們不過是一種物質，而物質類的活動和反應，最終都能夠化為方程式來描述。

對於能夠以方程式這類的形式化理論，來描述物質之活動和反應的立場，我們稱之為「物理主義」。若是站在「物理主義」的觀點來看，即便腦部可產生意識，其本質仍舊與路邊的小石子沒什麼兩樣。

然而，將目前的知識見解加以彙整後，可得知「人類是因為腦中的神經細胞有所活動，才會產生意識」這個無庸置疑的事實。

原因是什麼？答案的提示在於神經細胞的關聯性。如果只取一個神經細胞來進行培養，並無法產生我們所知道的人類意識，因為人類的意識是藉由神經細胞的關聯性而產生。

這點是現代科學的最大謎題之一，我本身也將「探究人類的意識」視為畢生事業，投入於研究中。不過，很遺憾地，到目前為止還是沒有找到答案。

若能解開這個謎題，或許也為其他許多尚未解開的謎團開闢可能性，像是「何謂生？何謂死？何謂時間？」等哲學性的疑問，說不定也能帶來找出答案的關鍵。

既然腦部能夠創造出珍貴的「內心世界」，為了腦部而認真思考，就等於是「為了我們的人生而認真思考」。

腦中產生意識的機制

腦部的大腦皮質覆蓋著神經迴路，而神經迴路是由神經細胞聚集而成。神經細胞會互相連結，進而傳遞來自外部的訊息。「意識」便是透過這樣的訊息傳遞動作而產生。依這時所分泌的神經傳遞物質的平衡狀況，意識可變得正面，也可變得負面。

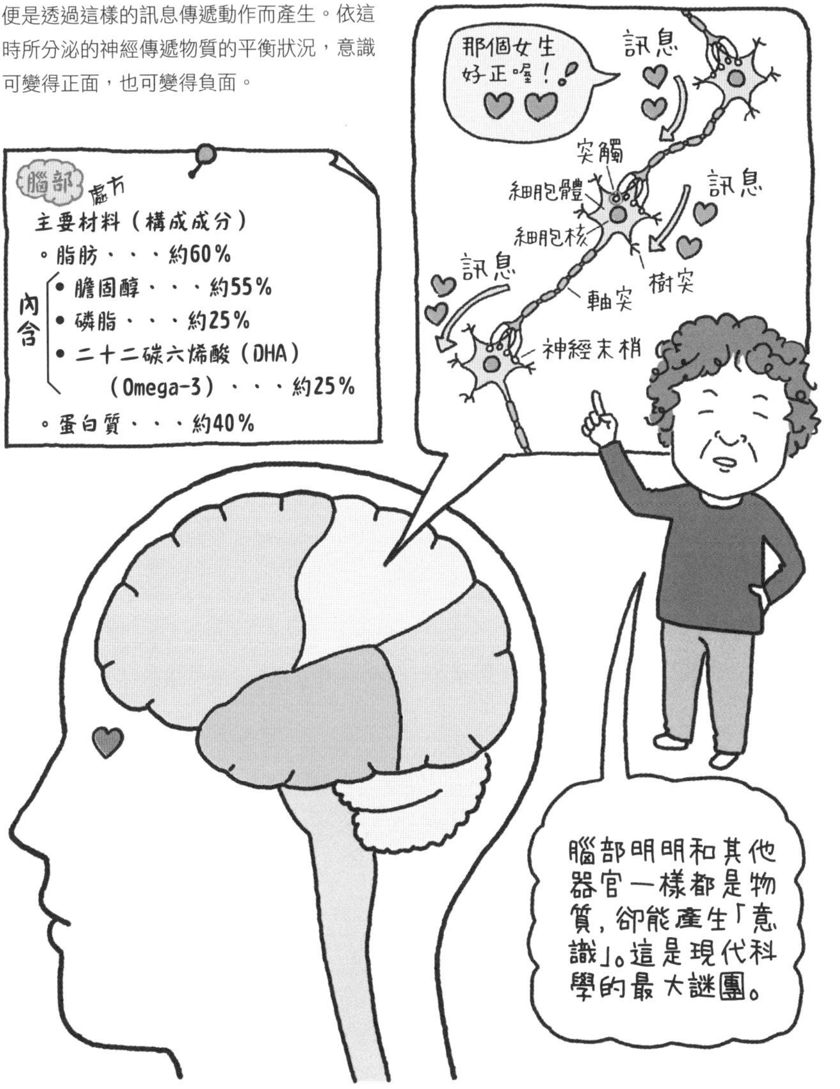
腦部處方
主要材料（構成成分）
。脂肪．．．約60%
內含
• 膽固醇．．．約55%
• 磷脂．．．約25%
• 二十二碳六烯酸（DHA）（Omega-3）．．．約25%
。蛋白質．．．約40%
那個女生好正喔！
訊息
突觸
細胞體
細胞核
訊息
樹突
訊息
軸突
神經末梢
腦部明明和其他器官一樣都是物質，卻能產生「意識」。這是現代科學的最大謎團。

2 什麼樣的人才叫做頭腦好的人？

有能力與他人心靈交會、相處融洽的人

雖然人類有許多比不上其他動物之處，但還是成功促使文明得到如今的發展。目睹這樣的事實後，不禁會覺得人類或許可以自誇一下，說自己的頭腦還不錯。

人類所擁有的「好頭腦」源自於什麼呢？

依現代腦科學的觀點來說，「頭腦好」即表示「**有能力與他人相處融洽**」。也就是說，人類之所以頭腦好，其本質在於有能力與他人心靈交會，並同心協力建立社會。頭腦好不好，其實與社會性有著極深的關聯。

對於讀取他人內心想法的能力，專業術語稱為「心智理論」（Theory of mind），電腦就算計算速度再快，也無法擁有心智理論。就「讀取他人的內心想法，即使第一次見面也能順利與對方溝通的能力」來說，人類遠遠勝過電腦。

此外，如果是跟猴子等群居動物相比，毫無疑問地，人類的社會智能也是在猴子之上。根據累積至今的知識見解來看，在所有動物當中，**嚴格來說，惟獨人類能確實讀取他人內心的想法**。

即使當下的狀況不容易判斷對方的想法，人類也能夠感受到肉眼看不到的對方心境。使用「默契」這個字眼來表現這般微妙的人類關係，再貼切不過了。

接受他人並維持共生關係的行為，將會影響「頭腦的好壞」，也就是說，學會與他人和睦相處，頭腦就會變好。

腦部會透過兩種學習來察言觀色

模擬學習他人的心境

人類會以自己的心理過程為基礎，將他人的心理過程當成像自己的一樣去實踐。

＋

觀察學習他人的行動

人類會學習他人對各種事物所做出的不同反應，進而推測出他人的行動。

＝

觀察出對方的心情（當下的狀況）

就覺得當下那氣氛也不好意思不吃……
額葉
老師！您應該不太敢吃香菜對吧？
您其實可以不用勉強自己吃的……
怎麼會被他看出我不敢吃香菜……

所有生物當中，惟獨人類具有察言觀色的能力。善於與他人溝通的人稱得上是「頭腦好的人」。

3 有沒有什麼方法可以讓「天生的腦袋」變好？

集中注意力來鍛鍊額葉的專注力迴路

英國心理學家——查爾斯．斯皮爾曼（1863年～1945年）認為多數人都擁有被稱為「G因素」[1]的共通能力，並以統計手法證實G因素較高的人，在各領域的學力表現較卓越，也就是說，G因素高＝天生腦袋好。

此外，根據在那之後的腦科學研究，已得知G因素較高的人，其額葉掌控專注力的迴路活動得十分頻繁。

那麼，要怎麼鍛鍊專注力才好呢？在孩子們的面前，我經常會說：「讀書時一開始就要全力衝刺。」最初或許會因為無法適應而覺得痛苦，**但只要持續下去，漸漸就能做到一開始即達到全力衝刺的讀書速度**。藉由這麼做，可以鍛鍊額葉的專注力，活化其迴路。

另外，我也大力推薦「在吵鬧的環境裡讀書（工作）」的方法。林修老師[2]的名言是：「何時開始做？就是現在啊！」如果換成我，我會說：「在哪裡做？就在客廳呀！」

在雜音重重的客廳環境裡專注做某件事，**可以強化額葉的記憶迴路的作用**。事實上，相信也有很多人耳聞過「考上東京大學的學生當中，很多學生都是在客廳裡讀書」。

以腦科學的角度來看，人類的額葉擁有無論在任何環境底下，都能瞬間發揮專注力的功能。因此，有必要鍛鍊腦部養成習慣，在該專注時隨時可發揮專注力。藉由持續做這樣的訓練，說不定天生的腦袋也會變好呢！

譯註1：G因素（general factor）的命名源自於查爾斯．斯皮爾曼在1972年提出的智力二因論。其說認為智力是由一般智力因素以及許多特殊因素（specific factor，簡稱S因素）所構成。

譯註2：林修為日本的補教名師，2013年因為在該校廣告中的一句「何時開始做？就是現在吧！」爆紅，於媒體大量曝光後，進而踏入演藝圈。

刻意給自己條件嚴苛的環境，專注力就會隨之提升！

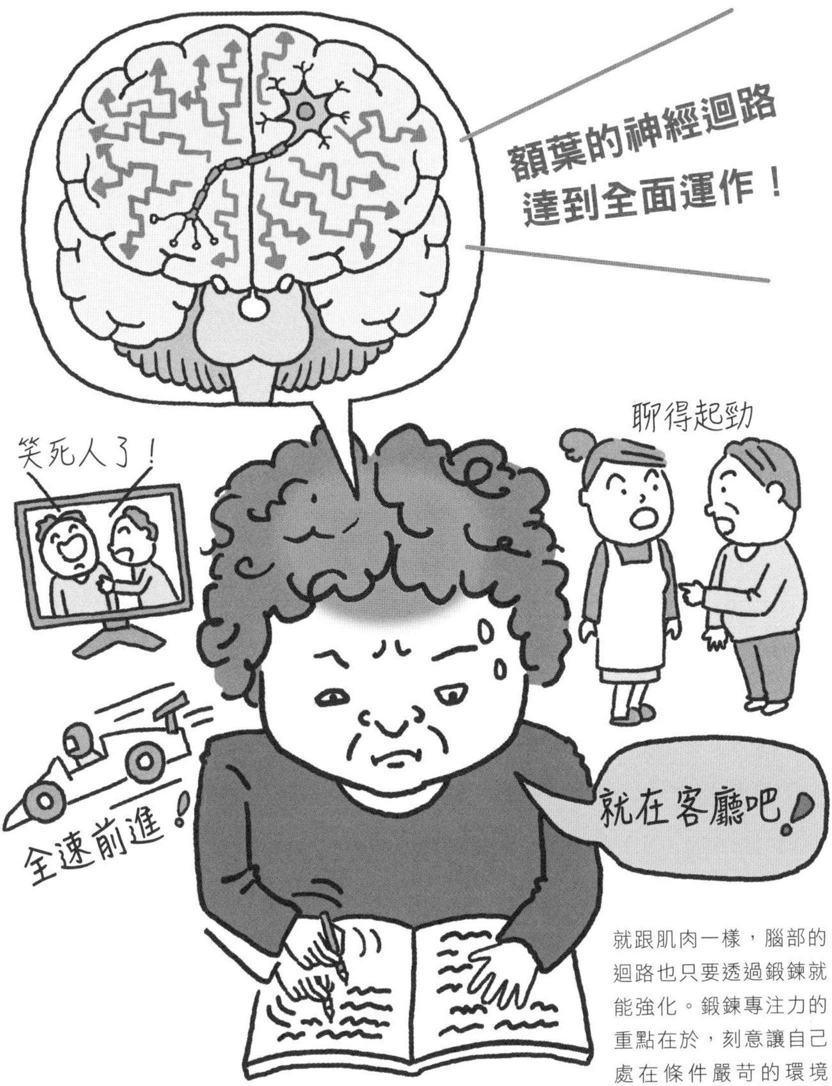
額葉的神經迴路
達到全面運作！
聊得起勁
笑死人了！
全速前進！
就在客廳吧！

就跟肌肉一樣，腦部的迴路也只要透過鍛鍊就能強化。鍛鍊專注力的重點在於，刻意讓自己處在條件嚴苛的環境下，一開始即全力衝刺地執行動作。

4 孩子的能力有多好，要怎麼測才準？

能力是腦的個性，無法用單一標準來衡量

即使筆試成績差、被認為是不會讀書的孩子，**也可能擁有無法衡量的能力**。

舉例來說，有些人儘管在智力或一般理解力方面沒有什麼異常之處，卻有所謂的失讀症，也就是有文字讀寫方面的學習障礙。

舉世聞名的名人當中，也有不少人患有失讀症，像是在好萊塢表現活躍的湯姆．克魯斯以及史蒂芬．史匹柏皆公開表示自己患有失讀症。企業家當中，也有很多人患有失讀症。

身為腦科學家，我們認為以相同的筆試，來比較失讀症孩子和所謂正常孩子的能力，既不公正也不公平，**因為這是人類腦部的個性**。

而且，人類的個性和能力並無法以單一標準來衡量。

一場2012年在美國進行的演講會上，一名15歲少年上台告訴大家他獨自構思出利用奈米碳管來檢查胰臟癌的方法，少年的簡報讓我震驚不已。他表示在網路上瀏覽過無數論文，進而發現成本遠遠低於傳統做法、且更有效率的檢查方式。

另一方面，我從小學1年級便加入一個專門研究蝴蝶或飛蛾等昆蟲的「日本鱗翅學會」，放學後總是忘我地追逐著蝴蝶。

像我是對蝴蝶感興趣，但**每個孩子不同，感興趣的事物也會有所不同**。即使乍看下是個不擅長讀書的孩子，也可能有某事物能夠激發他的興趣。重要的是如何發掘，並且引導他們在之中發揮自我能力。

良性刺激可促進孩子的腦部發育

初級視覺皮質(Primary Visual Cortex)的突觸密度與年齡之關係

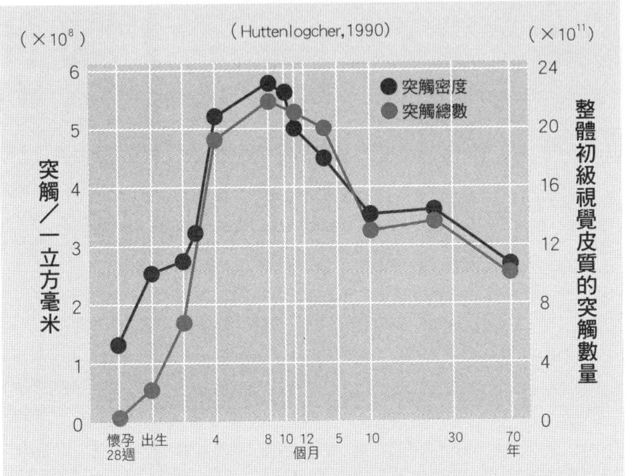
(Huttenlogcher,1990)
(×10⁸)
(×10¹¹)
突觸密度
突觸總數
突觸/一立方毫米
整體初級視覺皮質的突觸數量
0
1
2
3
4
5
6
24
20
16
12
8
4
0
懷孕28週
出生
4
8
10
12
個月
5
10
30
70
年

腦部在3～4歲之間會急速發展。出生後2～4個月，腦部的突觸數量會急遽增加，8個月時達到顛峰，3歲時就會擁有和大人幾乎相同數量的突觸。

據說到了4歲時，腦部約有80%已發育完成。最理想的是，在4歲之前從事各種體驗來接受刺激，以促進腦部的神經迴路增生。

豐富的生活體驗可促進孩子的腦部發育

據說人的腦部發育在3～4歲前會完成80%，6歲前會完成85%，10歲前會完成90%。在10歲前盡量多給予良性的刺激，將有助於孩子的腦部獲得均衡發展。可透過讓他們在日常生活中從事各種體驗、接觸大自然、多閱讀好書，進而培養腦力以及感性。

如果發現孩子對某事物感興趣，請給予支持，並引導他們從中發揮能力！

5 什麼遊戲可以讓腦部快樂起來？

可自由設計規則的遊戲

就以孩子們會玩的遊戲為例子，來思考這個問題吧！

雖然目前對於孩子的腦部發育與遊戲之間有何關聯性，還未能百分之百地掌握當中的機制，但有幾項是有肯定答案的。

在這時代，一提到孩子們的遊戲，第一個就會聯想到電腦遊戲，然而，電腦遊戲並無法讓孩子們成為遊戲的「生產者」。

照理說，只要給孩子們白紙和鉛筆等再單純不過的工具，他們就能自己發揮巧思，創造出近乎無限種類的遊戲。

遊戲好不好玩，關鍵就在於「雖然可在某程度上預測出結果，但包含了隨機發生的豐富『偶發性』*」。**充滿偶發性的遊戲可以促使腦部展現最高的活動力，在教育上帶來無窮的效果。**

在遊戲上發揮巧思，也等於是在設計偶發性。以昔日讓孩子們熱衷玩耍的紙牌或彈珠遊戲為例，可自行決定遊戲規則的舉動本身，即是整個遊戲行為的珍貴一部分。

電腦遊戲裡，明顯欠缺了「設計偶發性」的要素。以前的孩子們在玩耍時，只利用極少的工具在各種遊戲上發揮巧思，很希望也能讓現在的孩子們擁有像那樣發揮巧思的時光。

對大人來說也一樣，如果老是被套上規則，而**無法發揮自我創意和巧思的話，想必在促進人性的成長上，效果也會相當有限。**

＊偶發性……指某事物擁有可能發生、也可能不會發生的屬性。

可以讓腦部快樂起來的遊戲「P&P」

以前的孩子們只要利用紙筆就能玩遊戲，也喜歡玩這類遊戲。這類的遊戲包含了偶發性，以及可以動腦思考的樂趣。不過，如果太難或太容易，就沒辦法討得大腦的歡心。遊戲必須設計成「只要全力以赴就能過關」的難易度。

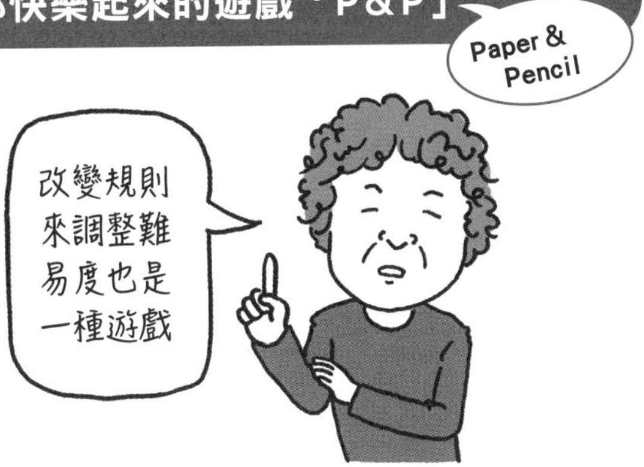
Paper & Pencil
改變規則
來調整難
易度也是
一種遊戲

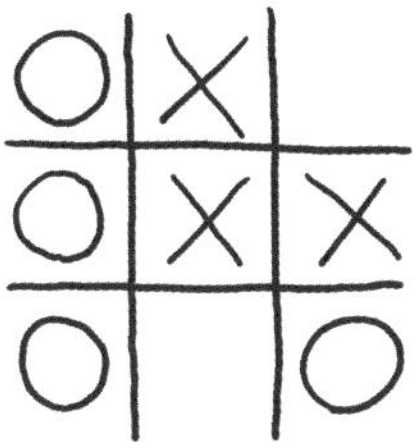

井字遊戲(圈叉遊戲) 最多2人

在紙上畫出「井」字，再猜拳決定順序，勝利者先在格內打圈，後者則是打叉。輪流打上符號，最先以水平或對角連成一線的獲勝。行數愈多則困難也會增加。

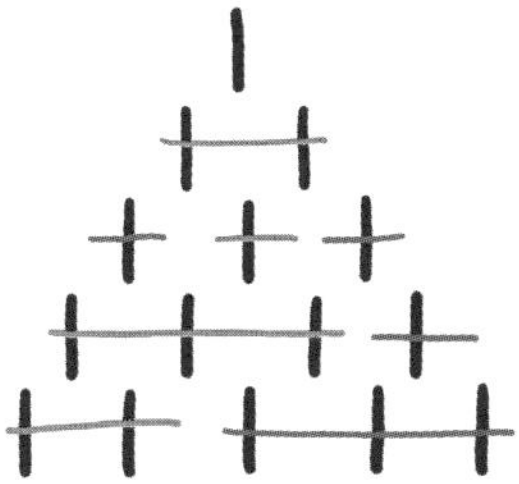

畫線遊戲 最多2人

在紙上畫出5條直線後，往上移一層畫4條、再往上是3條、接著畫2條，最上層是1條直線。每條直線必須互相錯開。猜拳贏的人先開始用畫橫線的方式來刪除直線，數量不限，也不拘任何一層。不過，已被刪除的直線就不能再刪除，也不能斜向或直向刪除。畫到只剩下最後1條直線時，輪到的那個人就輸了。

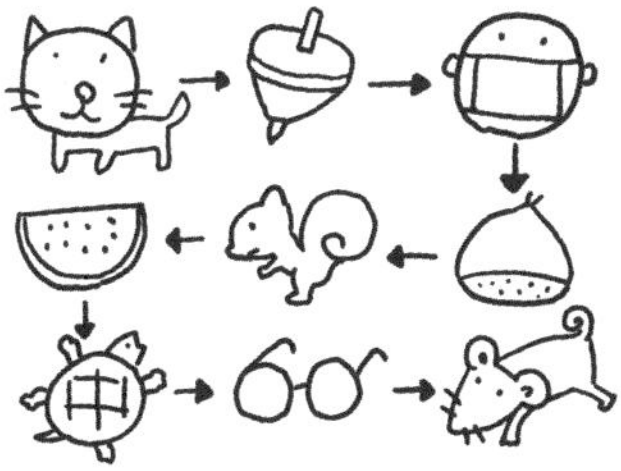

繪畫接龍遊戲 2人以上

首先，猜拳決定先後順序，贏的人先在紙上畫圖，然後開始接龍。接龍時不能說明自己畫了什麼，也要思考上一個人畫的是什麼圖再動手畫。不太會畫畫的人要謹慎思考該怎麼畫，對方才看得懂。遊戲結束後，所有人再依照順序說明自己畫了什麼。

6 有沒有什麼方法可以消除腦部壓力？

找時間發呆就是消除腦部壓力的方法

若是累積過大的壓力，將會損及健康，對腦部來說，亦是如此。

當你發現自己總是心情煩躁，或出現缺乏專注力等現象時，請站在客觀的角度認知自身正處於壓力過大的狀態。

這樣的動作稱為「後設認知」，也就是想像自己站在外圍來觀察自身。一般認為後設認知與腦部的前額前區（Prefrontal area）有著極深的關聯，若能藉由後設認知來客觀性地觀察自我狀態，將聽得見內心發出的警報聲。

做到後設認知後，就要設法消除壓力。

說到消除壓力，近年來深受矚目的「預設模式網絡」（DMN）會是個有效的方法。

至今在進行腦部研究時，都是以「正在做某件事時」的腦部作用為主要研究對象。反過來以「什麼事也沒做時」的腦部為對象進行研究後，發現有一個神經迴路網會在這時變得活性化，這即是DMN。

根據近年來的研究，**已一步步查出DMN能夠在各方面進行腦部調節，並且具有整理統合資訊和情感的作用。**

說穿了，DMN的存在就像腦部的清潔員，一般認為它在消除壓力上也具有效果。

為了**促進DMN的活性化，有必要刻意讓自己處於發呆的狀態。**

散步會是一個效果絕佳的方法。禪修之中，也有要求修行者放空腦袋步行的「步行禪」（細節請參照第38頁）。

活用DMN（預設模式網絡）進行腦內整理

DMN會在腦袋完全放空、處於發呆狀態時發揮作用。其實呢，據說此狀態下的腦部活動，比正在參與某件事時的腦部活動還要多活躍20倍。根據推測，DMN會在這時進行腦內整理，像是把片段的記憶銜接起來等等。

不過，依DMN的狀態，若是在無意識之下回想起過去厭惡的事物而感到懊悔的話，將會不小心強化負面的神經迴路，而產生壓力。為了讓DMN發揮正面作用，有意識地凝視自我內心將變得重要。

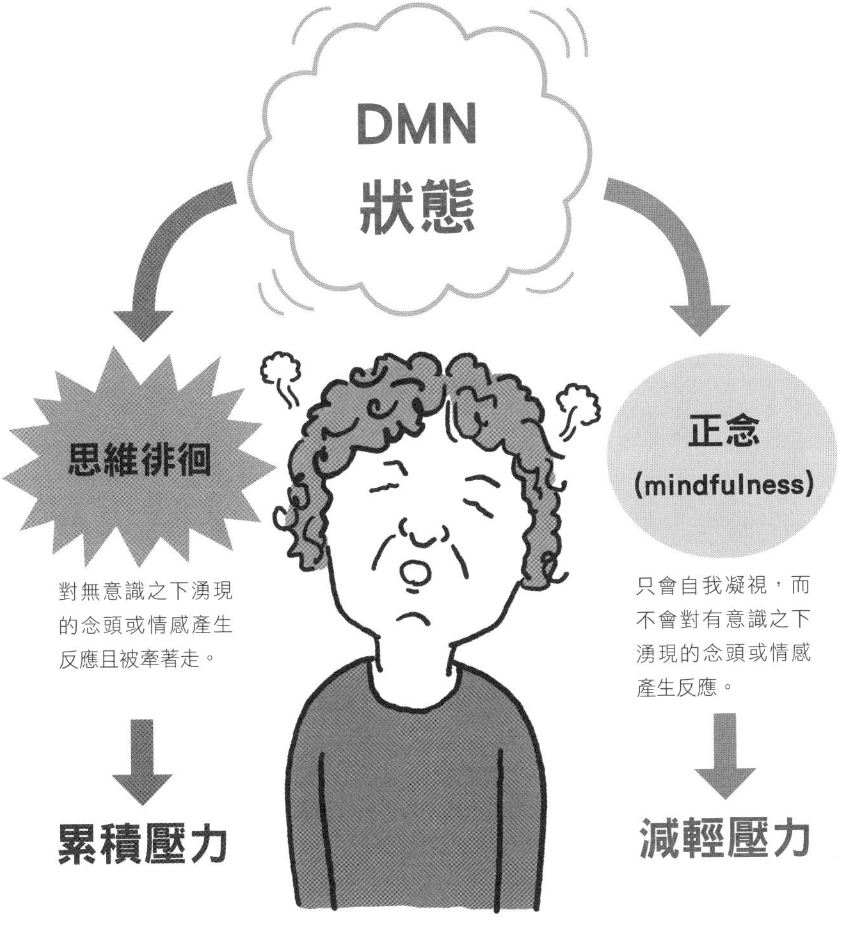
DMN
狀態
思維徘徊
對無意識之下湧現的念頭或情感產生反應且被牽著走。
累積壓力
正念
(mindfulness)
只會自我凝視，而不會對有意識之下湧現的念頭或情感產生反應。
減輕壓力

7 什麼時候是腦部活性最好的黃金時段？

早晨的腦部活力充沛！

目前已查明腦部會在人們睡覺時，將前一天的經歷加以整理，尤其在進入「快速動眼睡眠」時，此活動更是活躍。其特徵是儘管處於睡眠，腦波仍呈現出與清醒時相同的波形，人們會經常作夢也都是在這個階段發生。

另一方面，當陷入沉睡狀態時，則稱為「非快速動眼睡眠」。人們在睡覺時，會不停地反覆在「快速動眼睡眠」以及「非快速動眼睡眠」交替（細節請參照第122頁）。

早上醒來時，由於腦中的記憶已經被編整完成，呈現暢通無阻的狀態，所以**腦部在早晨最適合吸收新資訊，是容易產生靈感啟發的時段**。

在這裡與大家分享幾件我每天早上固定會做的事情。

首先，準備犒賞品給自己，讓自己在早上起床後能夠盡快恢復清醒，我給自己的犒賞品就是咖啡和巧克力。品嘗到自己愛吃的食物後，腦內就會分泌出多巴胺，而多巴胺可以幫助我們提升幹勁、專注力和生產效率。

只要是可以讓你開心的事物，想怎麼犒賞自己都可以。好比說，與喜歡的對象有所互動這一類的社會性犒賞，也能促進腦部的活性化。

做日光浴也能有效促進腦部的活動力，因為曬到陽光後，腦中會有一個迴路幫我們啟動清醒模式。天氣好的時候，我早上都會出門去曬曬太陽兼散步。

「朝活」[3]在日本掀起了話題，而就腦科學的觀點來說，這的確是合理的行為。

譯註3：「朝活」為日文用詞，指利用上班、上課前的早晨時間參與工作、學習、嗜好、健身、與人交流等活動。

腦部黃金時段　茂木風格的晨間利用法

一天當中，腦部活動力最強的時段就屬早晨，所以應當一起床便立刻展開活動。如果你是愛賴床的人，剛開始或許會覺得痛苦，但久而久之，身體就會在思考前先行動，也有助強化腦部「先動再想辦法」的做法，並且能夠為直覺力、創造力奠定基礎。

茂木風格的晨間活用法

晚上 看喜歡的外國搞笑節目放鬆後，就寢。

睡覺

活用每1.5小時在「快速動眼睡眠」和「非快速動眼睡眠」循環的睡眠週期，讓自己在屬於淺眠的「快速動眼睡眠」狀態下醒來，就不會哈欠連連。這時記憶也井井有條，所以腦部也會是暢通的。

早上 醒來的那一刻立即火力全開。把智慧型手機和筆電放在枕頭邊，一起床就點開推特確認趨勢關鍵字。另外，也會走路到附近的便利商店，讓自己清醒過來，而進行日光浴也可達到促進腦部清醒的效果。

做日光浴

事先準備好犒賞品

茂木老師會利用早上的 3 小時做哪些事？

- 確認推特的趨勢關鍵字＋犒賞品
- 散步到便利商店
- 寫串連推文
- 確認E-mail
- 吃早餐＋讀報
- 慢跑（約10km）
- 沖澡
- 開始正式工作

8 生活過得無趣，腦部就會變得不靈光？

腦部會自己想辦法產生刺激

說老實話，在參加學會活動等場合上聽別人說話時，我總會覺得無聊而忍不住手邊做起其他動作。

當然了，有時是因為談話內容太過無趣才會覺得無聊，但事實上，除非真的是相當有趣的內容，否則腦部還是會覺得無聊。

若不是接收到會強烈吸引我的刺激，或手邊正忙著做某動作，我這個人似乎無法滿足自己的腦部。

雖然我是這樣類型的人，但並不認為自己的腦部有異於他人之處，**因為人類本來就擁有一顆容易覺得無聊的腦部**，或許有人會說「我才不會那樣」，但那只是因為腦部會在無意識之下消除無聊的情緒，而自身並未察覺。

所謂的無聊，是因為腦部某處呈現空白，而產生「想要拿某事物來填補空白」的強烈欲望。即使沒有接收到外部的刺激，腦中的神經細胞也會自發性地活動，當缺乏外部的刺激時，腦部就會試圖找出什麼來填補空白。

在這樣的自發性活動下，人們會感受到或思考自己也預料不到的事情。有時會因為這樣而靈光一閃，最後延伸成為足以流傳千古的發明或發現。乍看下，或許會覺得無聊的狀態帶有否定的意味，但其實是有效的。

還有，心慌等負面情緒也是一樣，只要不是嚴重到會導致腦部失衡的負面情緒，勢必也都會為我們帶來某種作用。

無聊可使腦部產生靈感

當腦部覺得無聊時，就會自己找樂子來玩。腦部會找什麼樂子來玩呢？那就是藉由做腦內整理以及銜接片段的記憶，來創造出某種新事物。「要是有某某東西應該會很方便吧？」、「那到底是怎麼回事？」覺得無聊時，可以試著思考諸如此類的問題，說不定會有出乎預料的靈感出現呢！

9 為什麼會一見鍾情？

因為情感會搶先跑在理論的前頭

與某人邂逅的那一刻突然喜歡上對方就稱為一見鍾情。一見鍾情與本人的意識無關，說來就來，讓人不得不認知到腦部的存在。

針對這個問題，一路來做過各式各樣的實驗，但仍未得到明確的結論，不過，還是有相關研究。

根據研究內容，**人類會在最初約2秒鐘的時間，就眼前對象做出判斷**。

曾經有個實驗以在某大學上了整學期某課堂的學生，以及看了2秒鐘該課堂影片的學生為對象，讓雙方針對該課堂是否有趣做出評價，實驗結果發現，雙方的評價近乎一致。

也就是說，人類擁有可在極短時間內接收各種資訊的能力。想必一見鍾情也是瞬間接收到包含對方的外表、氣質等資訊後，所做出的判斷結果。

雖然這還只是未經證實的假設說法，但就腦部構造來說，也能做出一致的解讀。

一般來說，人類腦內負責掌控情感的迴路在處理資訊上，速度會比負責掌控理論的迴路來得快。因此，有時會發生情感（以杏仁核為中心的迴路）的資訊搶先跑在理論（以大腦新皮質為中心的迴路）前方的狀況。

一見鍾情的狀態即是腦部輸入對方的資訊後，大腦新皮質還來不及仔細評估，情感迴路便先做出「我喜歡這個人！」的結論。

喜歡上一個人的感覺，極大部分可說是憑靠直覺而來。

一見鍾情的機制

腦部有一個叫作「杏仁核」的部位專門在處理情緒反應以及掌控記憶，這個部位與一見鍾情有著極深的關聯。以這個部位為中心的情感神經迴路會啟動雷達來做判斷，而大腦皮質會為了追求正當性，在事後補上喜歡上對方的原因。美國有項調查結果指出，因一見鍾情而步入婚姻的夫婦比例上升到55%，當中約有20%的男性離婚，女性則是低於10%。在離婚率約為50%的美國，這樣的數字可說相當低。

短短 2 秒鐘！

事後，大腦新皮質再補上原因

10 為什麼會沉迷於賭博？

因為多巴胺會讓幸福感變得強烈

世上沒有絕對會贏的賭博，正因為賭博帶有不確定性，才會吸引人們。**人類的腦部具有容易被不確定事物吸引的傾向。**

正因為如此，贏了賭局時才會開心得手舞足蹈。在賭贏的那一刻，腦內會分泌屬於犒賞系統的物質——多巴胺，多巴胺是一種可提升幸福感和意願的荷爾蒙，又稱「快感物質」。

額葉是負責分泌多巴胺的部位，在反覆幾次賭贏的經驗後，以額葉為中心的神經迴路網將會逐漸強化。於是，**腦部本身就會想要追求興奮感，並且渴望再次感受到那份喜悅，也就是陷入所謂的「上癮狀態」**。

不過，透過賭博感受到的幸福稍縱即逝。即使贏了錢，只要繼續賭下去，最終勢必會走上賠錢路，畢竟賭博本來就被設計成莊家必贏的遊戲規則。

以某種層面來說，人生中也含有賭博要素，像是入學考試、就業、戀愛、結婚、工作等等，這些事情能不能做得成功，都必須走到最後才會知道答案。

不過，人生的遊戲規則和賭博不同。**若是賭博，勢必會輸錢，但如果是人生，只要勤奮，就能夠提高「賭贏」的機率。**

人們容易被不確定性吸引，若想在不確定性之中獲得喜悅，與其選擇沉迷於賭博，不如把精力改投入於讀書、戀愛或工作等方面，才更加有意義。

從「上癮」演變成「依賴症」的機制

上癮現象一旦惡化成依賴症，將會難以復原。所謂的依賴症，即是腦部的神經迴路因為反覆受到刺激而不斷強化，最後陷入無法靠自我意識來控制、「想戒也戒不掉」的狀態，讓我來說明一下依賴症的機制吧！

依賴的種類

●對物質的依賴

對酒精或藥物等精神性依賴物質產生依附性。

●對過程的依賴

過度熱衷於賭博等特定行為或過程，陷入無法自拔的狀態。

依賴症的腦部機制

❶ 酒精、藥物或賭博等刺激

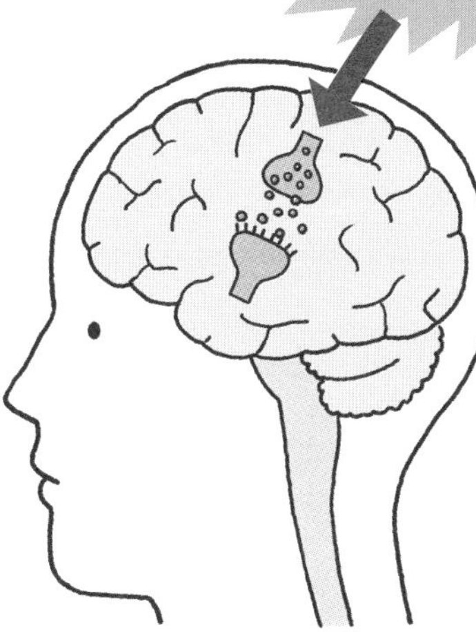

❷ 分泌多巴胺

受到依賴對象的刺激後，就會分泌多巴胺。中樞神經會因此感到興奮，腦部也會體驗到快感。

❸ 形成犒賞迴路

腦內會形成可獲取多巴胺的犒賞迴路。

❹ 強制性分泌多巴胺

因為犒賞迴路的形成，使得將依賴對象帶入體內的行動化為一種習慣，最終演變成強制分泌多巴胺的狀態。

❺ 中樞神經麻痺

中樞神經感受喜悅的功能逐漸低下。

❻ 渴望獲取更多的刺激

為了擁有如以往般的快感，而愈來愈渴望得到依賴對象。

❼ 陷入依賴症

即使獲得再多依賴對象也無法感到滿足，反倒是焦躁感、不安情緒、不滿足感愈發強烈，並且無法自拔。

11 怎麼做才能克服心理創傷？

在腦內形成正面思考迴路

杏仁核是負責調節情緒（情感的劇烈波動）和記憶的部位。當人們面臨到甚至得擔心性命不保的恐懼時，有時會強化杏仁核的記憶部位，而這正是心理創傷的根源。

心理創傷也是腦部的作用之一，指因為受到外部的嚴重打擊或恐懼，而留下內心陰影。

在毫無預警之下忽然想起心理創傷的鮮明畫面稱為「瞬間重歷其境」（Flashback），而因此感到痛苦不堪的現象則稱為「創傷後壓力疾患」（PTSD）。

「我一定要忘記它！」、「不可以再想起來！」，像這樣以克服的心態試圖壓抑心理創傷，多數時候會因此引發反作用，使得心理創傷變得更加難纏。

為了**克服心理創傷，應該盡可能地在腦內形成正面迴路，才能夠發揮效果。**舉例來說，思考時可以隨時提醒自己保有正面思路，並盡可能循著正面思路走，讓自己避開會聯想到心理創傷的負面迴路。

腦內一旦有某處形成了心理創傷的迴路，就沒那麼容易去除，但可以藉由形成正面迴路，讓思緒繞道而行。

另外，也有不同的治療方法，像是讓當事者平復到比較有勇氣面對心理創傷時，再去思考為何會因為那次的體驗而留下心理創傷？從那次的體驗中感受到了什麼？對自己的人生具有何種意義？藉由回顧的動作來克服。

怎麼做才能形成正面迴路而得以戒掉負面的思考習慣？

或許不到心理創傷的程度，但相信任何人都有只要一想起來，就會心情鬱悶的記憶。有時會在不經意之間回想起那段記憶而心情低落，最後就這麼一直擺脫不掉鬱悶情緒而拚命往負面思考裡鑽。讓我來說明該怎麼做才能在不勉強的狀態下，幫助負面的思考習慣轉為正面！

❶立刻轉換心情

想起討人厭的記憶時，就讓自己專注於眼前正在做的事情上，而且，越快越好。藉由專注於某件事，可以暫時中斷負面思考。

❷留意自己的呼吸

擺正姿勢後放鬆身體的力量，從鼻子緩緩呼氣，再用呼氣時的一半時間從鼻子吸氣。反覆動作直到確實感受到放鬆為止。

❸想著喜愛的事物

讓自己保有一些不需要理由就能夠從中感受到幸福的存在，好比說喜歡的對象、愛吃的食物、嗜好等等。當心情鬱悶時，就讓情緒轉換到這些事物上。

❹動一動身體

透過運動可以鍛鍊前額前區，進而提升專注力和判斷力。另外，如果養成運動習慣，也有助於消除壓力，慢跑可以讓人比較容易進入正念狀態。

12 為什麼正念對腦部有益？

讓意識集中於「此時此刻」，就會形成DMN

據說人類一天會思考6萬次，當中幾乎都是在不受本人意識的控制之下，自動產生思緒和情感。若是一直置之不理，思緒和情感將會陷入自動操控的狀態，進而導致對未來感到不安、或是回想起往事而感到後悔的時間會逐漸增加。

為了斬斷這般惡性循環的鏈條，「正念」是個有效的方法。正念是一種只專注凝視「此時此刻」所發生的事物，在不去判斷當下的情感、思緒之下，冷靜進行觀察的心理狀態。

近年來，在腦科學、心理學以及認知科學的領域中，皆積極投入於「正念」的研究。不僅如此，走在尖端的美國資訊科技企業也在公司內部的培訓課程導入正念冥想，以促使員工維持正念狀態。人們對於正念的認知度，可說是急遽提升中。

當一個人處於正念狀態時，腦內會呈現什麼樣的狀況呢？

那就是前面所提到的「預設模式網絡」（DMN）。**在進行冥想或步行禪時不會做任何思考，所以腦部會處於空轉狀態，也就是呈現出DMN容易活動的狀態。**

如此一來，腦部就會做起自我保養，進而能夠覺察或消除壓力，也可能提升創造力。

在接受自我、接受「此時此刻」之下，好好感受獲得成功或達成目標的過程，並享受其中的樂趣，所謂的「正念」，指的就是這麼回事吧！

「正念冥想」的好處

正念可以保養腦部、消除壓力，有時還能帶來靈感。想要讓自己處於這樣的狀態，就試試看「正念冥想」吧！一旦養成習慣，也可以強化正面迴路。容我在此為大家介紹一下「茂木式的正念冥想」！

正念的兩大定義

❶不做判斷

不論自己目前處於什麼樣的狀態，只靜靜地觀察，不進行任何評價和判斷。

❷讓意識集中於「此時此刻」

對浮現腦海的思緒和情感做出反應，不去思考過去或未來，而是專注於「此時此刻」。

正念冥想的實踐方法①

●不安情緒消散一空的「覺察呼吸法」

5～10分鐘 × 1天2次

1 在腦袋最清晰的時段，坐在地板或椅子上挺直身子，放鬆全身的力量。

2 採用腹式呼吸法，並專注於呼吸。這時，把注意力放在觀察身體會隨著呼吸如何動作上面。

3 感受全身如何動作的同時，讓注意力集中到鼻尖。

4 意識被各種思緒或感覺拉走，而失去專注力時，切換心情讓自己重新專注於呼吸。

5 掌握到呼吸法的訣竅後，讓注意力從呼吸轉移到此刻內心所浮現的內容上。不過，記得不做任何判斷或批評，只靜靜地觀察。

這是一種觀察思緒、情感、感受的訓練。
正念冥想時必須以第三者的角度來觀察。好比說，心中浮現對工作的不安情緒時，就對自己說：「嗯，你現在正在思考工作的事」；感覺到雙腳發麻時，就對自己說：「看來腿部發出的訊號已經傳遞到了腦部。」

正念冥想的實踐方法②

●利用「全身掃描」來磨練內心

5～10分鐘 × 1天2次

1 保持仰臥的姿勢，接著放鬆全身的力量，緩和心情。

2 從腳尖到腳踝，小腿，再到膝蓋……像這樣讓注意力一個接著一個從身體某部位轉移到下一個部位。這時不需要有「我以前腳踝受過傷」等感想，而只要專注於感受。

3 若接二連三地浮現思緒或感覺而開始東想西想時，便執行第37頁的「覺察呼吸法」，讓內心恢復平靜。

每天做兩次的全身掃描，過了幾星期後，你的思緒、情感、感覺將會產生變化，負面思考也會慢慢消失不見。

慢慢適應後……

正念冥想的實踐方法③

●步行禪

1 在認識並練習過「覺察呼吸法」後，保持悠哉的心情，以適合自己的輕鬆步調走路。

2 選擇自己熟悉的地方走路。在適應之前，可以先在公園等固定地方一直繞圈子走路。

步行禪的目的在於使腦袋放空。步行時不要聽音樂，獨自靜靜地走路。沒必要刻意戴耳塞，硬是阻斷來自外部的資訊。
每次至少要步行10分鐘以上，直到進入無我境界，也可利用工作時移動到其他地方的時間來執行步行禪。

第2章

有成長能力的腦部

使腦力發揮到淋漓盡致的方法

13 什麼方法可以提升腦力到極限？

挑戰新事物可活化腦部！

哪怕是微不足道的事情，只要做了某種挑戰，腦內就會分泌名為「多巴胺」的神經傳遞物質。

多巴胺除了有助於調節運動和荷爾蒙之外，也與愉悅感、意願、學習等方面有著關聯，腦內分泌出多巴胺後，將可強化腦部迴路，產生所謂「強化學習」的現象。

除此之外，**強化學習對於在分泌出多巴胺之前所進行中的動作，也可發揮出強化的效果。**

舉例來說，一個自認不會讀書的孩子在挑戰學習目標後，如果達成成績突飛猛進的結果，將會感受到無比的喜悅，讀書意願也會一鼓作氣地往上提升。這也是多巴胺所帶來的效果。

強化學習有一個重要的關鍵詞叫「遊戲化」，意思就是將遊戲的元素帶進讀書之中。比方說，設定「必須在10分鐘內記住眼前所有英文單字」的時間壓力，也屬於遊戲化的技巧之一。

運用時間壓力這個技巧時，重點在於所設定的時間長短必須是在全力以赴之下，而且可在最後一刻完成任務的時間。**在緊迫的時間設定下完成任務可獲成就感，而這股成就感能挑起接受下一個挑戰的意願。**

雖然這類技巧經常被運用在孩子們的學習上，但其實大人也一樣，只要做了某種挑戰就會分泌出多巴胺。所以，**利用遊戲化的技巧靠自己來提升自我腦力並非不可能的任務。**

利用遊戲化來撩起腦部的貪玩童心

只要活用「遊戲化」於日常的工作或學習上，就有可能活化腦部。即使是較容易讓人感到痛苦的事情，只要抱著一顆貪玩的童心去做，腦部的犒賞系統就會受到刺激，行動力和專注力也會隨之提升。現在就來說明一下如何利用遊戲化來促進腦部的活性。

遊戲化的重點

❶設定明確的目標

設定欲達成的具體目標，好比說「30分鐘內記住10個英文單字」、「完成兩份企劃書就休息」等等。目標必須拉高到卯足全力就能達成的水準。

❷設定主題

有了明確的目標後，再設立犒賞，像是「如果成功在30分鐘內記住10個英文單字，就可以瀏覽社群網站10分鐘」等等。若知道在達成目標後可享受到樂趣，額葉的迴路將會受到刺激。

遊戲設定範例

時間壓力

設定時間限制，像是必須在幾分鐘內完成某件事，這可幫助提升專注力。但設定過於籠統，像是「今天要完成兩份企劃書」這類目標，將無法獲得太大的成就感。

主題設定範例

犒賞

如果設定自己最愛的事物作為犒賞，在精神上也可帶來安撫效果。犒賞可以是美食，也可以是泡熱水澡或打電話給喜歡的對象等。

14 真的假的？腦部也會因為被稱讚而成長？

「即刻」給予「具體」稱讚，可讓腦部變得開心

常常會聽到人家說：「我是那種被稱讚就會成長的人。」相信只要被稱讚，任誰都會覺得開心，而以腦科學的觀點來看，被稱讚真的就會有所成長嗎？

答案是「YES」。

根據腦科學的研究，已得知被稱讚時，腦內分泌犒賞系統物質「多巴胺」的活動會活躍上好幾倍，也就是說，腦部會處於很開心的狀態。

這時，時間點十分重要。**多巴胺的犒賞系統活動有個特徵，如果沒有在與構成原因的行為相近的時間點執行活動，將會失去意義，因此，必須隨即於當場給予稱讚。**

另外，還有一個重點在於「特定性」。

「你好厲害喔！」像這樣的稱讚話語便缺乏了特定性。稱讚時不能像這樣含糊不清，而**必須具體特定點出該對象有了什麼樣的進步後，再加以稱讚，才會具有效果。**「真有你的！跟上個月比起來，有了這麼大幅度的成長！」像這樣就會是具特定性的稱讚說法。

某位奧運選手曾經告訴過我：「不論再頂尖的運動選手，還是要有教練帶著才會進步。」**這時的教練指導重點在於，如何把選手察覺不到的問題或優異表現具體地給出回饋。**

這樣的做法或許可以應用在日常生活的任何一種場合。

而且，只要多加稱讚，腦部也會開開心心地持續成長。說起來，「當教練」還真是一種難度非常高的職務呀！

被稱讚就會變得開心的腦部機制

被稱讚時，腦內會分泌出多巴胺以及血清素這兩種神經傳遞物質。多巴胺會讓人提起幹勁，血清素則會帶來安心感、使心情變得平穩。除此之外，看見受稱讚者的開心模樣，給出稱讚那一方也會覺得像是自己達到的成果，腦內同樣也會分泌出多巴胺。

稱讚的重點

❶即刻

根據第40頁針對「強化學習」所做的說明，發現某行為值得稱讚時，就要當場稱讚。如此一來，強化學習就會在被稱讚下自然而然地循環下去。

❷具體

「這份企劃書的這段內容很有意思！」、「你有辦法解決那個問題，實在令人佩服！」，稱讚時，能否像這樣以具體內容來表達是十分重要的。

●稱讚的效果

受稱讚者

- 腦內分泌出多巴胺而產生幹勁。
- 腦內分泌出血清素而情緒平穩。
- 受到稱讚的該行動迴路獲得強化而變得更容易採取該行動。
- 對稱讚自己的對象產生信賴感。

↓

產生幹勁，進而有更好的表現

稱讚者

- 看見對方的開心模樣，會覺得這彷佛是自己做到的成果，促使腦內分泌出多巴胺。
- 明明是稱讚他人的一方，腦部卻會產生以為是自己被稱讚的錯覺，隨之分泌出多巴胺。

↓

腦部獲得活化

15 「一時想不起來」是腦部的老化現象？

一時想不起來是保持年輕和創造力的好機會

有時會發生明明是自己知道的事，卻一時想不起來的狀況。很明顯地可清楚感覺得到自己「確實知道」某件事，但就是想不起來，這不但會讓人感到焦躁，也會有種思緒被蓋上一層紗、揮之不去的感覺。「確實知道」的感覺稱為「既知感」，如果一開始便篤信自己不知道的話，當然不可能想得出什麼來，所以不會有任何感覺。然而，如果是有「既知感」卻無法回想起來的話，就會感到煩躁，甚至有可能對自己的記憶力失去信心。

根據研究，得知記憶在腦海重現時，背後是因為顳葉發揮了作用。如前面所說，額葉會發出「我想要找出某某東西」的訊號，並傳送給負責儲存記憶的顳葉。

既知感是讀取記憶的第一步驟，當既知感無法順利延伸到讀取動作時，就會發生「一時想不起來」的現象。

發生此一現象時，確實會讓人感到不耐煩，不過，**無可否認地，試圖回想時可感覺到腦部的活化**。在拚命回想之中，感覺得到腦部火力全開地使出各種各樣的手段。

事實上，拚命回想與創造的過程有著相似之處，**想出一時想不起來的事情或創造出新事物時，都會想興奮地大喊一聲：「耶！」**

遇到「一時想不起來」的狀況時，不要一口咬定那是老化現象而放棄回想，只要不死心地努力回想，或許就能夠永遠保持充滿年輕氣息的創造力！

「一時想不起來」可化為培養創造力的契機

一時想不起某事物時，總會想詢問別人或拿出手機搜尋，但憑靠自我力量努力回想的動作，其實是個鍛鍊腦部創造力的好機會。事實上，腦部在試圖回想以及在創造新事物時，都是使用相同的迴路。試圖回想時，腦部會展開全面運轉，順利回想出來後會分泌出多巴胺，回想迴路也會獲得強化。

想出一時想不起來的事物時會帶來什麼效果？

正值一時想不起來的狀態

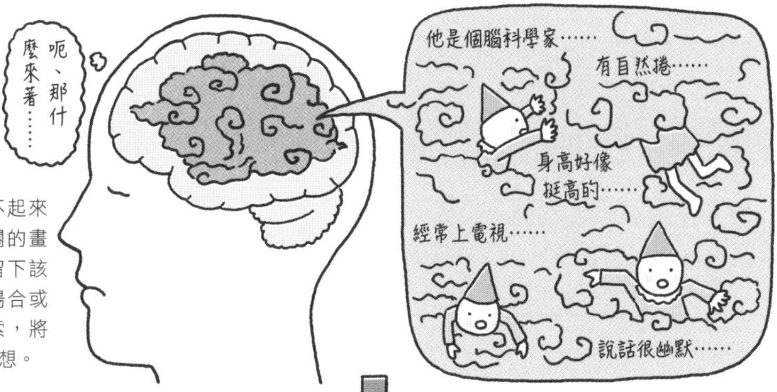

呃、那什麼來著……
他是個腦科學家……
有自然捲……
身高好像挺高的……
經常上電視……
說話很幽默……

尋找與想不起來的記憶有關的畫面，或以留下該記憶時的場合或場地為線索，將會有助於回想。

想起來了！
茂木健一郎老師
找到了～

想起來的那一刻會分泌出多巴胺，回想迴路＝創造迴路也會獲得強化。

一時想不起來的現象是提升創造力的好機會！

16 失去的自信找得回來嗎？

要先保有自信，再付出努力去證實

如果一直觀察小嬰兒，你會發覺他們充滿著自信。小嬰兒在練習爬行時，根本不會有擔心自己做不做得到的想法；學走路時，也不會表現出「今天狀況不太好，還是明天再挑戰好了」的遲疑態度，總是勇敢地面對挑戰。

然而，隨著長大成人，人們會無緣無故地失去自信，就只有想逃避做某件事而找藉口的功夫會愈來愈精進。

「說是這麼說，但那只是理想狀況，很難套用在現實世界裡吧！」這就是找藉口的標準說詞。

倘若有個失去自信的人出現在我眼前，我想對他說：「讓自己毫無根據地擁有自信吧！然後，付出努力去證實你的自信！」

老是把夢想掛在嘴邊，卻不願意為了實現夢想而付出努力的人，說穿了就是不相信自己的夢想。若是毫無根據地擁有自信，深信自己的夢想絕對會實現，肯定會不畏辛勞地付出努力。

另外，一個毫無根據便擁有自信的人，對於他人也不會要求有根據的自信。如此一來，將會營造出自由的氛圍，毫無根據的自信也會慢慢感染給周遭的人們。

還有一點，對於失去自信而感到自卑的人，有必要讓他們知道自卑感是一種個性。

只要自身和周遭的人都能接納這樣的個性，不論是任何人、家庭或公司，都將化為安全基地，到時也會自然湧現想要面對挑戰的勇氣。

使腦部提起幹勁的訣竅

即使受到挫折，仍舊帶著自信向前邁進的舉動可刺激額葉，進而強化各種迴路。哪怕陷入窘境，也要毫無根據地擁有自信！「根據」這種東西，之後再慢慢累積上去就好！

❶動動身體

試著動一動身體！大腦基底核有個稱為蒼白球的部位負責掌控幹勁，藉由運動可以活化蒼白球。

❷寫出失敗內容，進行驗證

遇到失敗時，就把失敗內容寫出來，並以第三人的角度來檢視，好好思考這場失敗是否真的足以讓人喪失自信？當初是否有其他不同的解決方法？

❸利用幻想來刺激前額前區

額葉的前額前區是負責掌控思考和創造的部位，與生存意願、幹勁有著密不可分的關係，請試著認真去幻想，來刺激自己的前額前區。思考只要付出努力就有可能實現的目標，可以讓人提起幹勁。

❹模仿自信滿滿的人

為了毫無根據地擁有自信，有效方法之一是去觀察那些給人自信滿滿印象的人會有什麼言行舉止，並試著模仿對方。藉由刻意去做憑自己的個性絕不可能會做的言行舉止，思考模式也會跟著改變。

即便沒有自信，只要揚起嘴角露出笑容，腦部就會產生「我的心情很好」的錯覺，而產生正面效應。就先從改變行動做起吧！

17 聽說腦部喜歡接觸新事物，到底是不是真的？

陌生之地的旅行具有活化腦部的效果

假設現在來到了從未到過的地方旅行，此時的腦部會是什麼樣的狀況呢？

要說旅行是哪裡吸引人，莫過於是新的邂逅，像是沿途景色、聽聞之事、品嘗到的美食或遇到的人們等等。

邂逅新事物能夠活化腦部的好奇心迴路，也會促使腦部大量分泌多巴胺等會帶來欣快感的神經傳遞物質。

其實，如果多次給予腦神經細胞相同的刺激，第一次的反應最為強烈。第二次、第三次……隨著次數增加，反應會降低。

就這點來說，到陌生的地方旅行，等於是去到「初體驗」的寶庫，肯定能夠大大活化腦部。

另外，我們也已得知負責掌控腦部記憶的海馬迴擁有「位置細胞」（place cell），此細胞也會因為移動到陌生場所，而變得活性化。還有，在安排旅行計畫時，腦部的額葉也會變得活性化。

但無論安排得再周詳，旅行難免還是會發生意外狀況，有時會置身於必然與偶然之間的「偶發性」之中。人類的腦部是以「可應付偶發性」為前提而被設計，因此旅行對於發揮人類腦部本有的潛能十分具有效果，而突如其來的邂逅，以及帶有偶然幸運意味的「偶然力」（**serendipity**）也能夠活化腦部。

旅行不僅有助於活化腦部，也可發揮促使腦部變得年輕的作用。

可活化腦部的「偶然力」

英國作家華波爾（Horace Walpole）在寫給朋友的一封信裡，提起名為《錫蘭三王子》的童話故事，並提議以「serendipity」來形容邂逅偶然的幸運，該名詞因而流傳開來。在科學界裡，也經常使用「serendipity」一詞，某諾貝爾獎得主即表示過偉大的發現來自於「出乎預料的serendipity」。若想獲得「偶然力」，做到「3a」非常地重要。

做到「3a」以期擁有豐富的「偶然力」

action（行動）

如果只是茫然等待，不會有機會邂逅偶然的幸運。不論任何目的或理由都無妨，試著先採取行動吧！踏出家門到未知的地方去吧！

awareness（察覺）

難得幸運已經送上門來卻沒有察覺到它的存在，那豈不是毫無意義可言？放寬自己的視野，讓自己擁有連視野角落也看得一清二楚的「周邊視覺」吧！

acceptance（接納）

即使邂逅到的新事物與自己一直以來的價值觀有所衝突，也不要予以排斥，而是懂得去接納它，它將會成為激發靈感的提示！

18 為什麼親身體驗比從書中獲取知識更加重要？

整理親身體驗的記憶具有鍛鍊腦部的效果

學校裡的「資優生」確實都表現優異，但總會讓人覺得少了些什麼，我想應該是因為沒有足夠的親身體驗。

想要在這個凡事難以預料、複雜詭譎的現代社會存活下去，絕對不能少了親身體驗。

就「記憶」的觀點來說，親身體驗具有十分獨特的特性，這個特性就是親身體驗在被整理出特定意義，也就是在被「編輯」之前，當中夾帶著豐富的雜訊。

透過書本或影像能夠獲取知識，但那是有人幫忙整理、編輯過的知識。當然，這些知識也是必備的，但另一方面來說，就會缺乏自己找方法努力轉換為語言的積極層面。

親身體驗的記憶會被儲存在大腦皮質的顳葉，而儲存在腦部裡的記憶會長年累月地慢慢被編輯。**正因為有這個從充滿各種雜訊的體驗中找出「意義」的編輯動作，腦部才能夠得到鍛鍊、逐漸成長。**

記憶被賦予特定意義後，不會就這麼靜置不動，腦部會花費漫長的歲月，持續編輯記憶。舉例來說，有時腦海裡會突然浮現很久以前有過體驗的記憶，讓人忽然間明白了該體驗的意義。

之所以會發生這樣的狀況，也是因為腦內持續在編輯當時記憶的關係。

從這點，我們可以說人類不論到了多大歲數，都有必要持續累積親身體驗。

親身體驗永遠不嫌多！

人類是以作為周遭環境的一部分而存在著，並且用身體去感受，一路思考、演化至今。用身體去感受的舉動稱為「體現」（細節請參照第100頁）。透過親身體驗而獲取的知識，可形容是伴隨著體現性的知識。舉例來說，透過書本查看富士山和實際攀爬富士山相比，後者所獲取的資訊量明顯多過前者。攀爬富士山的體驗會化為記憶儲存在腦部，並且在預料之外的場合中，成為帶來靈感的題材。

單一體驗即可讓人取得龐大的資訊量！

在山頂上喝到的水好喝極了！
沒想到富士山的氣候如此多變，突然就下起雨來了。
雖然書上寫著富士山的林木線在5合目[4]，但爬到更上面一點的地方，還是看得到樹林。
幸好我帶了登山杖，感謝書上寫的有用資訊。
海拔3000公尺的空氣真是稀薄，開始頭痛起來了，幸好我帶了隨身攜帶式的氧氣瓶。
跟上山比起來，下山時膝蓋的負擔比較重。
真多人來爬富士山呢！
爬到8合目的高度後開始覺得腳步笨重，快抬不起腳來了。
高山植物出乎預料地多，原來富士薊花挺漂亮的~~
沒想到山上的小木屋會提供便當，還加了鮭魚呢！

不一定要出遠門，哪怕只是在住家附近慢跑，也能夠體驗到以往不知道的資訊，腦部也會因此受到刺激。

譯註4：日本富士山的登山路線是以「合目」作為標示單位，從山腳到山頂分為10階段，「5合目」代表半山腰的位置。

19 什麼方法可以維持腦部健康？

為了保有健康而努力也是必要的保養

我希望有更好的記憶力、我希望提升自我感性、我希望到死之前都一直那麼有活力，人們對自己的腦部有無限的欲望，對於維持腦部健康的關注度也日趨提升。

去到書局，也會看見一本又一本的書告訴你怎麼做可以讓頭腦變聰明。

腦部也是身體的器官之一，我們理所當然會願意花心思維持他的健康，並期望有所成長。話雖如此，但對於腦部的各種機制以及發揮作用的過程，並非我們想控制就能全盤控制。

人類只能針對可以自覺做到的內容予以保養，剩下的只能託付給腦部的自然生命力。

至於如何保養腦部，值得推薦的方法包括閱讀好書、尋求新的邂逅、哪怕是小事也隨時勇於面對挑戰等等。

只不過，腦部會因為這些保養動作而受到什麼樣的影響，那會是無意識的過程，所以無法加以控制。

不過，**可以很肯定的一點是，這些知識、體驗或欲望都具有活化腦部的作用。**

另外，這些知識、體驗等等會化為記憶儲存下來，並日積月累地不斷被重新編輯，很可能在經過幾年後，帶來想也沒想過的意外新發現或靈感。

腦部的保養沒有年齡限制，不論從幾歲開始也不嫌晚。

只要你擁有「想要保有青春活力」的欲望，並且付出努力，就已經是在保養腦部了！

有益於腦部的營養素

大家知道腦部雖然只占了全身的2%，卻會消耗掉全身熱量的24%嗎？腦部其實很能吃的。腦部也是器官之一，當然有其所需的營養素，腦部需要葡萄糖已是眾所皆知的事，在這裡就為大家介紹一些其他有助於維持腦部健康的營養素吧！

DHA（Omega-3）

功效 DHA大量存在於腦組織之中，具有可促進腦部和神經的作用，對於發育期的孩童來說尤其重要，另外也能活躍腦部，促使記憶力和專注力隨之提升。

富含食品 沙丁魚、鯖魚、秋刀魚、竹筴魚、鮪魚、酪梨等等。

必需胺基酸酪胺酸

功效 酪氨酸為多巴胺的原料，如果攝取不足，就會製造不出多巴胺，也會出現憂鬱等症狀。

富含食品 杏仁、酪梨、香蕉、牛肉、雞肉、巧克力、咖啡、雞蛋、綠茶、優格、西瓜等等。

必需胺基酸色胺酸

功效 色胺酸為血清素的原料，也是製造血清素的唯一營養素。

富含食品 豬肉(瘦肉)、牛肉（瘦肉）、豆腐、納豆或味噌等大豆食品、芝麻、乳酪、牛奶、優格等等。

多酚

功效 多酚含有被認為可提升記憶力、思考力的可可鹼等成分。

富含食品 巧克力、大豆食品、綠茶、紅茶、咖啡、紅酒、蕎麥麵、洋蔥、柑橘類等等。

維生素B_6

功效 維生素B_6有助於葡萄糖的吸收，也可促進多巴胺、腎上腺素、正腎上腺素、GABA（γ-氨基丁酸）、乙醯膽鹼等神經傳遞物質的生成。

富含食品 小麥胚芽油、米飯、馬鈴薯、牛肉、豬肉、雞肉、雞蛋、牛奶、乳製品、海鮮、小扁豆、青椒、堅果等等。

20 日子過得太悠哉，就要當心腦部衰退？

腦部會憑靠本能不斷地做挑戰

對「想要悠哉過生活就好」的人來說，這時代或許不是那麼容易生存。不過，這些悠哉派的人的腦部肯定也潛藏著本能的欲望，會渴望挑戰新事物。

人類從呱呱墜地的那一刻開始，便一直挑戰新事物，不斷有新的學習。所以，即使放空腦袋悠哉地過生活，腦部還是會持續學習。

話雖如此，但**如果是渴望積極接受挑戰的人，保有自己的安全基地將顯得重要。**

英國心理學家——約翰．鮑比（1907年~1990年）在觀察孩童後得知安全基地的必要性。

孩童必須先得到「有父母守護著我」的安心感，才得以充分發揮探索心。另一方面，根據證明，未能得到這份安心感的孩童，其探索的意願薄弱。

大腦邊緣系統位在腦部的大腦皮質下方，必須靠著以其為中心的情感系統來發揮作用，才能在安心與探索之間取得平衡。**隨時可以回到某人身邊或回到某地方的安心感，可使人產生想要挑戰新事物的意願，情感系統的活動也會變得活躍。**不限於孩童，「為了探索而存在的安全基地」的概念也可套用在大人的身上。

大人也好、小孩也好，都會因為能保有為了探索而存在的安全基地，而被挑起想要積極挑戰的意願，也可說是促進腦部成長不可或缺的要素。

造一座可讓腦部推動你接受挑戰的安全基地

對孩子而言，父母給予的「安心感」即是安全基地。相對地，對大人而言的安全基地，或許會是經驗、技能、人脈以及自我的價值觀。透過這些所建立出來的自信，會帶給我們勇氣，即使在面對沒有把握的事情時也願意去挑戰。還有，腦部最喜歡沒有把握或具有偶發性的事情了。在鼓起勇氣朝向全新挑戰踏出一步的那一瞬間，腦部就已經興奮得不得了，也開始活化起來。

對大人而言的安全基地

一路累積下來的經驗、技能、人脈、價值觀會帶來自信和勇氣

如何建立可勇於接受挑戰的自信？

試著為自己設定目標，目標的規模不需要太大，像是「每天做50下伏地挺身」、「一天背10個英文單字」之類的就可以了。成功達成目標時，記得要誇大地稱讚自己，久而久之，就會漸漸產生自信，覺得自己挺強的！

21 可以如自己所願地改變腦部？

腦部會朝著有意願的方向進化

在思考什麼能夠誘發進化這個問題時，有人會提出「全力以赴」的論調。

這就跟大象為了喝水而不停努力伸長鼻子，最後擁有了長鼻子；長頸鹿為了吃高處的樹葉而不停竭力拉長脖子，最後擁有了長脖子的說法差不多是一樣的。

上述的進化論當然純屬民間傳說，如今已明確得知那是錯誤的主張。不過，如果只針對腦部的進化來說，就不盡然了。

腦部確實會隨著意願而有所改變。

額葉是腦部整體迴路的指揮官，當中身為「自我中樞」的前額前區會隨著當下的意願或欲望，來提升或降低各種腦迴路的活動。

正因為如此，如果是立志當音樂家的人，他的腦部就會漸漸進化成音樂家的腦部，同樣地，只要抱持積極性度過每一天，腦部就會慢慢改變，逐漸進化成數學家的腦部、文學家的腦部、工匠的腦部等各種專家的腦部。

只要有意志，腦部就會改變，就腦科學的觀點來說，這是千真萬確的事實。

不過，老實說，人生之中最難做到的，莫過於持續保有進取心。成功經驗是形成動機的要素，有了動機人們就會向前邁進，但要讓「意志→努力→成功經驗→意志」的循環化為日常持續下去，並非容易之事。

話雖如此，但**只要意識到自己是以主動積極的心態來過日子，就一定能夠改變腦部**。

夢想和目標可促使腦部進化

腦部具有會依據所受到的刺激而持續改變的特性。被形容是腦部指揮中心的前額前區，最喜歡受到「有別於日常」的刺激。若是每天茫然地過著隨波逐流的生活，要想活化前額前區也難。如果期望腦部進化，就必須保有不斷挑戰新目標的意願，為了目標而學習或收集資訊，都會對前額前區帶來刺激。

讓自己抱持熱忱地去達成目的，前額前區就會好好助你一把

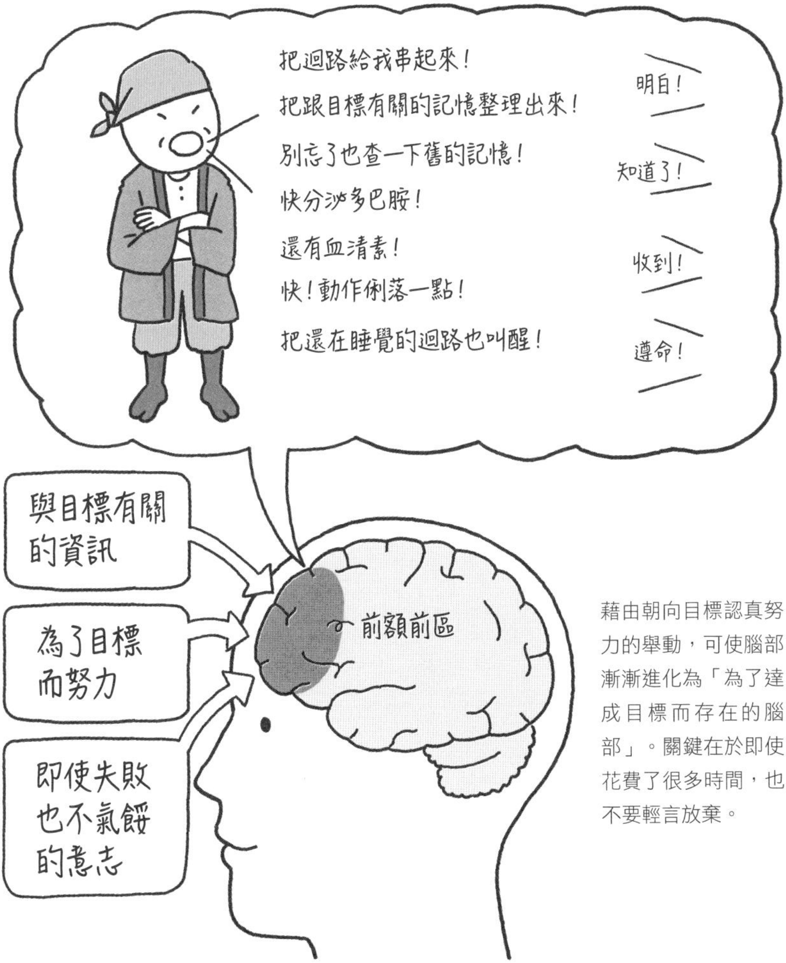
把迴路給我串起來！
把跟目標有關的記憶整理出來！
別忘了也查一下舊的記憶！
快分泌多巴胺！
還有血清素！
快！動作俐落一點！
把還在睡覺的迴路也叫醒！
明白！
知道了！
收到！
遵命！
與目標有關的資訊
為了目標而努力
即使失敗也不氣餒的意志
前額前區

藉由朝向目標認真努力的舉動，可使腦部漸漸進化為「為了達成目標而存在的腦部」。關鍵在於即使花費了很多時間，也不要輕言放棄。

22 腦部的發達有沒有年齡限制？

不論到了幾歲，人類的腦部都具有成長能力

看著孩子們的成長會令人愉快；看見孩子們的笨拙動作，總會讓人忍不住會心一笑。

隨著成長，孩子們原本笨拙的動作會透過大腦皮質的運動皮質、前運動皮質、小腦等運動相關網路的學習，而漸漸變得熟練。意思就是腦內的神經細胞結合在一起，帶來了戲劇性的變化。

孩子們的笨拙模樣之所以吸引人，或許是因為從那模樣可看見生命持續學習且毫不懈怠的奧妙與勇敢，同樣地，大人笨手笨腳的模樣也很可愛。

人類必須一輩子持續學習。即使再難堪，也要持續挑戰新事物，否則將無法發揮難得擁有的腦部學習能力。**畢竟人類的腦部潛藏著不論到了多大年紀，都得以成長的可能性。**

為自己的笨拙感到困惑時，若缺乏足夠的從容度樂於接受這樣的自我，將難以百分之百發揮腦部的潛在學習能力。

不限於幼兒，看見老大不小的大人挑戰新事物的模樣，也是一件愉快的事情。**若是老爺爺或老婆婆，就更不用說了，他們即便動作笨拙，卻仍持續面對挑戰的模樣，總是迷人得讓我捨不得移開視線。**

另外，社會的型態亦是如此，舉例來說，網際網路初問世時，多數人只認為網路是個「派不上用場的工具」，然而，歷經「笨拙時期」後的成熟技術及發展，如今人人都認同網際網路實為社會不可或缺的基礎建設。

不論到了多大年紀，「初體驗」都能幫助腦部成長

腦部是一輩子都能成長的，即使遇到與自己一路以來抱持的價值觀和世界觀有所不同的事物，也不要敷衍了事或予以否定，而必須保有從容度冷靜觀察。即使已經上了歲數，只要是願意迎向挑戰的人，也會讓人覺得他靈活而年輕，而這個人的腦部肯定持續在成長。

對於積極面對挑戰的人，周遭的人都會為他加油打氣。來自四周的支持力量，將化為面對下一個挑戰的推動能量。朝向這樣的正向循環一起努力吧！

column

利用腦部的「強化學習功能」來執行自我改造計畫

書中多次出現「多巴胺」一詞，遇到開心事的時候，腦部就會釋放出這個神經傳遞物質，釋放出多巴胺後，在那前一刻所採取之行動的迴路將得到強化，下一次就會變得容易採取該行動。

大腦深處有個稱為「大腦基底核」、由神經核團所組成的部位（細節請參照第116頁）。此部位關係到人們的行動，專門負責調節運動，以及掌控認知、情感、動機形成、學習等方面。目前已證實腦部釋放出多巴胺後，大腦基底核會更進一步強化運動、情感和學習等迴路。

這就是所謂的「強化學習」。

人類的一切行動皆反映出這樣的機制。

用功讀書後，考試拿到了好成績→我要更加用功讀書；喜歡的對象對我笑了→變得更加喜歡對方；被老師誇獎打掃得很仔細→我要打掃得更乾淨；當自己的行動帶來開心的結果時，就會願意付出更多努力，相信不少人都有過這樣的經驗。

另一方面，強化學習的機制也可能讓人沉迷於賭博等行為。

至於希望強化哪一方面的學習，就要依本人的想法而定了。不過，無庸置疑地，選擇好好活用「強化學習」這個腦部功能，憑靠自我力量朝向正面且有意願的方向成長才最為有利。

第3章

腦部是創意的泉源

未來是創意當道的時代

23 腦部從零變出新點子的機制為何？

所謂的創造，即是重新編輯過腦內的記憶資訊

聽到創造兩字，相信很多人都會認為那是「化零為整」或「化無為有」的行為，不過，這是錯誤的認知。

我們在動腦試圖擠出點子時，腦部的額葉會發出要求，告訴大腦新皮質的側頭聯合區（顳葉）說：「我想要有某某東西。」

側頭聯合區是記憶的倉庫，存放著大量的資訊。接收到要求後，側頭聯合區會將存放在倉庫裡的龐大記憶資訊做出各式各樣的組合，加以編輯後，再把最接近想像的內容傳送給額葉。

所謂的創造，即是從側頭聯合區傳送過來的內容當中，找出「這就是我要的點子！」

創造性是一種能夠重新編輯豐富資訊，進而找出點子的能力，創造可說是與回想十分相似的行為。

如今，人工智慧（AI）在各種領域裡展現出遠遠凌駕於人類之上的成果，而創造性被認為是人類僅存的少數優勢。

若想要提升如此珍貴的創造性，如何增加累積在側頭聯合區的記憶量，以及額葉在發出要求時，如何針對所需內容描繪出清晰鮮明的畫面將顯得重要。

因此，必須先多去嘗試各種各樣的體驗，以增加在腦部的記憶資訊量。有了這些經驗帶來的資訊量之後，接下來的關鍵就在於能不能想像出震撼力十足的畫面，讓腦部知道「我要的就是這種前所未有的東西！」

提升創造力的重點

想要提升創造力，必須大量儲存可稱為是創造題材的資訊，而為了在腦內儲存資訊，親身體驗和學習是不可或缺的。還有，想要得到什麼點子時，重要的是能否更加具體地想像出自己欲追求的東西。

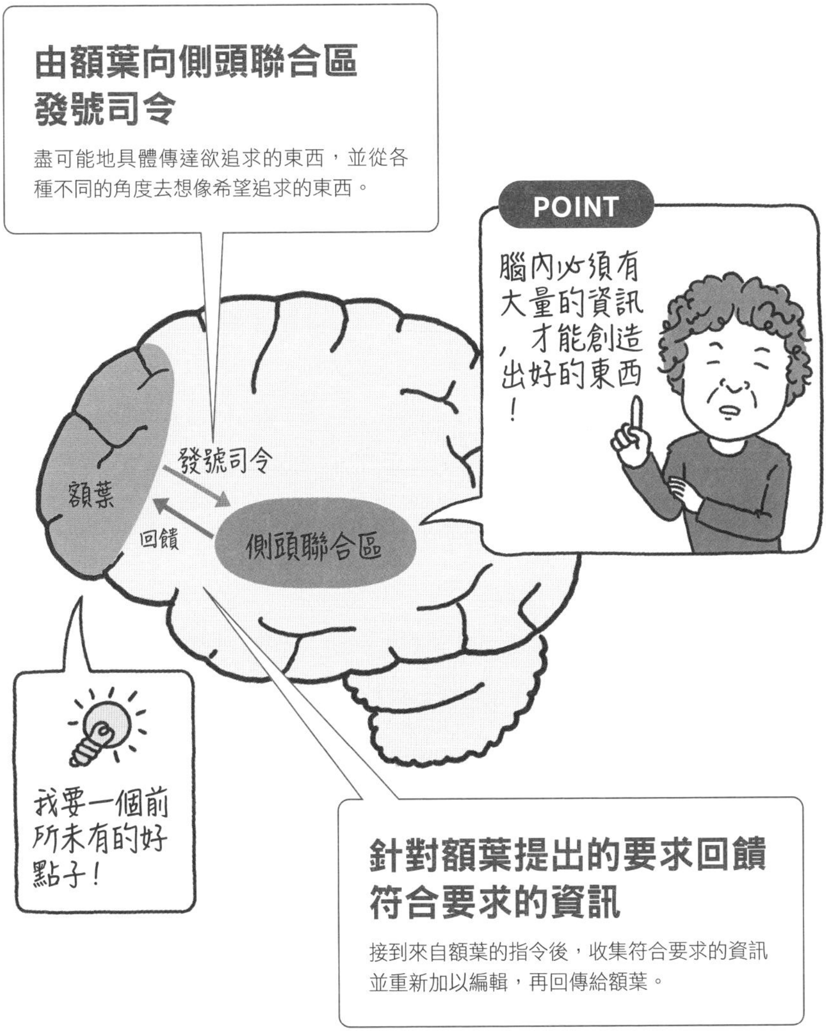
由額葉向側頭聯合區發號司令
盡可能地具體傳達欲追求的東西，並從各種不同的角度去想像希望追求的東西。
POINT
腦內必須有大量的資訊，才能創造出好的東西！
發號司令
額葉
回饋
側頭聯合區
我要一個前所未有的好點子！
針對額葉提出的要求回饋符合要求的資訊
接到來自額葉的指令後，收集符合要求的資訊並重新加以編輯，再回傳給額葉。

24 要具備何物才能發揮創造力？

關鍵在於能夠擺脫多少自我規範

我們在發揮創造力時，**腦部會處於一種「去抑制」（disinhibition）的狀態**。一般來說，為了取得系統平衡，腦部會抑制各迴路的作用來做自我規範，所以並未百分之百發揮潛在能力。

所謂的去抑制，是指無法控制住衝動或情緒，導致發揮不了適當之抑制作用的狀態，常見有因藥物或酒精而陷入去抑制狀態的例子。因此，**大家對於去抑制容易抱有負面的印象，但為了發揮創造力，去抑制是必要的。**

「快給我想出來！」、「快給我靈感！」我們並無法如此強制要求自己的腦部。就某角度來看，腦部的迴路會擅自發揮作用，等到想出什麼點子時，自己才會驚訝地有所察覺。

這樣的狀況會在處於去抑制狀態時發生。反過來說，**在發揮創造力上，能否擺脫自我規範將成為關鍵所在。**

如果想做到這點，第一步即是增加成功經驗。藉由去抑制讓腦部積極產出，進而想出好點子，只要一再累積這樣的經驗，相信就會慢慢鍛鍊出有能力做到去抑制的腦部。

日本被認為是一個抑制力強大的國家，大家總是被要求必須看場合行事，或在意同儕壓力，如果持續以這樣的方式使用腦部，將會愈來愈難做到去抑制。因此，大家**有時候不妨試著甩開抑制力量，讓自己的想法或情感坦率地流露出來。**我個人覺得偶爾還是有必要上演個「生氣翻桌」的戲碼。

去抑制是創造力的關鍵所在

對於發揮出天才型創造力的人，近來已研究出這類型的人容易有「認知性去抑制」，也就是腦內的認知濾片功能變得薄弱的傾向。我們的腦部不斷接收數量龐大的資訊，一般來說，都會利用濾片功能來阻斷不相關的資訊。然而，如果是具有獨創性、處於認知性去抑制狀態的人，他們不會被龐大的資訊量壓倒，而會從中獲取嶄新的點子。不過，即使不是天才，也能透過訓練達到去抑制。

去抑制的訣竅

不深入思考

「好！拚了！」不要像這樣逞強地去做非常規的事情。構思點子或寫企劃書時，也不要有特別意識，而是讓它變成一種習慣性的行為。

不在意他人的目光

不要被他人的意見或想法束縛。即使被說是「怪咖」，也沒什麼好在意。以自己的、而非他人的價值觀行動。

豁出去

緊張或不安的情緒會束縛住腦部。「我做得到嗎？」不要去思考這種問題，而是豁出去地告訴自己：「我做得到！」沒什麼好擔心的，即使失敗了，也只要換別的做法就「做得到」。

「我真的撐不下去了！」即使像這樣已經被逼到超出自我極限的地步，也要保持去抑制狀態。

25 靈光一閃的那一刻，腦內呈現什麼狀況？

額葉會大吃一驚，但顳葉毫無反應

靈光一閃是我們自身也無法預測的事情，所以在那個瞬間，我們甚至會感到吃驚。

然而，真正感到吃驚的，其實只有身為「自我中樞」的額葉而已。

對顳葉來說，靈光一閃根本不是什麼好吃驚的事情。**靈光一閃的內容屬於已封存的記憶，也是顳葉早就知道的內容。**

明明是同一顆腦袋，卻有著這般反應落差，實在相當奇妙。

還有，**當不知道會發生何種狀況時，容易激發情感產生。**舉例來說，收到驚喜禮物時，想必會爆發「喜悅」感，比起已確定的事物，未確定的事物更容易讓人產生情感。

同樣的道理，**靈光一閃之所以會讓人感到開心，原因就在於有著最大的不明確性。**明明是從自己的腦袋裡創造出來的構思，卻能因此感受到驚喜，這根本是人生的一大享受，不是嗎？

腦中浮現靈感後，神經細胞會一起展開活動。**靈光一閃的那一刻，腦部只會有一個目的，也就是把浮現的靈感確實留在記憶裡。**為了不讓那一刻溜走，腦神經細胞會在約0．1秒的時間內一起展開活動。

這跟平常的腦神經細胞活動狀況比起來，可說是展現了驚天動地的活動力。由此可見，神經細胞為了不讓靈感溜走，真的是竭盡了全力！

靈光一閃那一刻的腦內狀況

根據美國學者們的研究，據說在靈光一閃的前一刻，腦部會暫時關閉起視覺皮質。這麼做是為了讓腦部專注於進行資訊處理，而不會在靈光一閃的前一刻透過視覺接收到資訊。到了靈光一閃的那一刻，神經細胞就會一起展開活動。

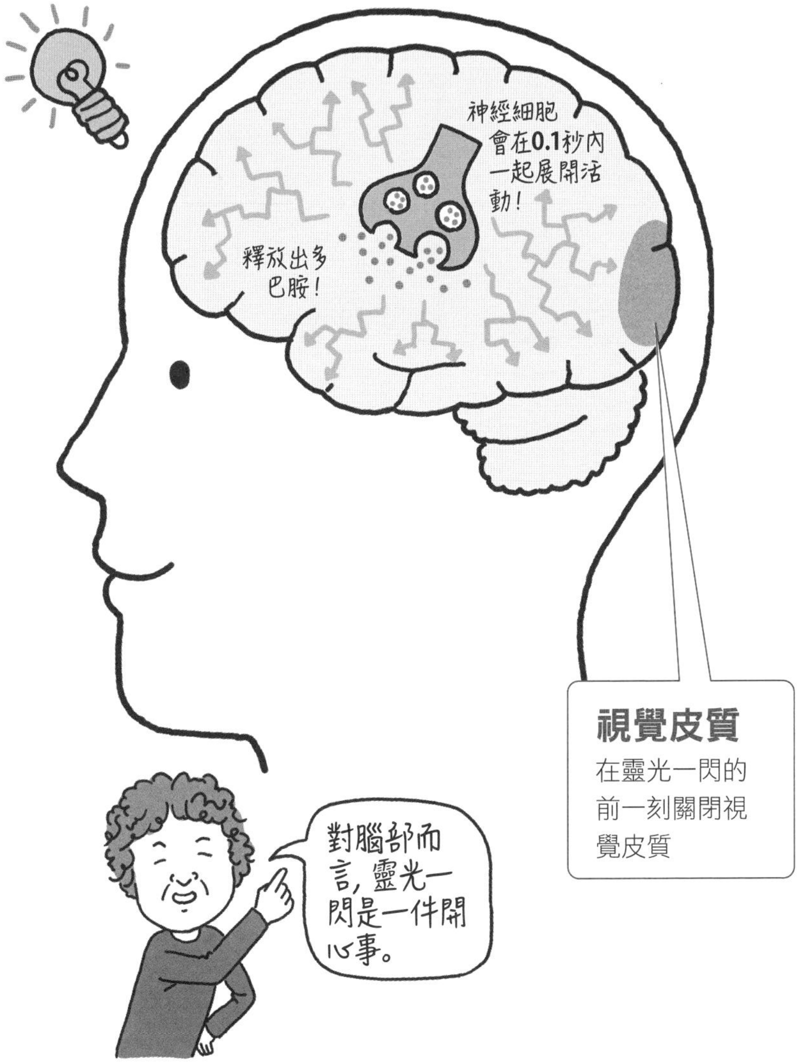
神經細胞
會在0.1秒內
一起展開活
動！
釋放出多
巴胺！
視覺皮質
在靈光一閃的
前一刻關閉視
覺皮質
對腦部而
言，靈光一
閃是一件開
心事。

26 有什麼方法可以鍛鍊「靈感迴路」？

只要經過鍛鍊，任何人都可以成為點子王！

你是不是認為必須具備特殊的才華，才能浮現靈感或想出獨特嶄新的點子呢？其實不是這樣子的。

任何人的腦部原本就都具備浮現靈感的能力。

根據近來的研究，**已逐漸摸索出腦部擁有可稱之為「靈感迴路」的部位。**

我們的腦部具有可連結側頭聯合區與額葉的神經細胞網。

一般來說，當額葉提出想要得到某某東西的要求時，便會透過這個神經細胞網呼叫出儲存在側頭聯合區的記憶，以提供額葉進行思考時的線索。

實際上，這個神經細胞網帶有可分流的旁道，而專家們猜測此旁道即是「靈感迴路」。

另外，**也有研究結果指出靈感迴路可透過反覆使用，來加以鍛鍊。**

遺憾的是，目前並無法針對靈感的內容也予以控制，但只要**透過反覆使用來強化靈感迴路，將可使得靈光一閃的頻率屢屢提升。**

話雖如此，但如果為了引出靈感而廢寢忘食地一直動腦思考，反而會變得沒有效率。

專注思考後就放鬆一下自己，一直反覆這樣的動作才是訣竅所在。大家不妨抱著像在做肌肉訓練的心態，試著鍛鍊一下靈感迴路吧！

靈感迴路的鍛鍊

靈感的浮現並非天才的特權，一般人也有能力讓靈感浮現。不過，不要忽然間就逼自己去追求壯大的靈感，先試著從小小的靈感慢慢堆積吧！藉由這樣的累積靈感動作，可使得靈感迴路日漸強化。

小小靈感的堆積可強化靈感迴路！

POINT

讓自己持續心存疑問

「頂多就是這樣吧！」、「理所當然會這樣啊！」不要有這樣的想法，而是要持續思考。「真的這樣就好了嗎？」、「我有什麼不足之處嗎？」像這樣不厭倦地持續思考，將會帶來靈感的題材。

POINT

讓自己能夠察覺到靈感

難得有了靈感卻沒有察覺到的話，靈感迴路會變得脆弱。哪怕是不起眼的小靈感，也要抱著「很有趣」、「賺到了」的心態好好掌握。想要做到這點，必須讓自己處於去抑制狀態。（細節請參照P.65）

27 扼殺靈感的會是什麼？

「我不聰明」的誤解想法

「我頭腦又不好，怎麼可能有好靈感！」人們會像這樣誤解自我，是有幾個原因的。

其中一個原因在於學校教育的影響。畢竟在以考試成績來評估能力的體制中，靈感根本不會被列為評估項目。學校成績優異的孩子與靈感激發能力強的孩子，明明無法一律畫上等號！

如果只因為考試成績或百分等級，便斷定自己的頭腦比別人差，腦中就算有再多的靈感也浮現不出來。**腦部是一種一旦受到壓抑，便無法發揮潛能的器官**。

斷定自己的頭腦比別人差的誤解想法，將會阻礙靈感的形成。對腦部而言，設法讓自己擺脫這般誤解想法十分重要，也是邁向靈光一閃的第一步。

另外，若抱著「必須付出極大的努力才能求得靈感，讓人痛苦不堪」的心態，也會帶來阻礙。沒錯，不斷思考某件事的過程確實痛苦，但沒有什麼比靈感湧現時更能取悅腦部。

人類感到開心時，腦內有什麼變化呢？位於大腦邊緣系統的情感系統會變得活性化，並分泌出屬於犒賞系統的神經傳遞物質——多巴胺。根據近來的研究成果，已證實在靈光一閃的那一刻，犒賞系統會開始活性化。

靈感湧現等於是在刺激腦內的「開心泉源」，故此，如果你還抱著「靈感跟我一點關係也沒有」的心態，將會封鎖住自己腦部難得擁有的「開心泉源」。

「我這種人不可能做得到的……」不讓這般心態阻礙靈感的方法

有個心理學名詞為「約拿情結」（Jonah complex），指害怕百分之百發揮自我能力而改變了自己。在「我這種人不可能做得到」的發言背後，其實藏著保持現狀比較安心的心理。首先，就從改變這點做起吧！

❶驗證自己是不是真的沒能力？

以客觀的角度觀察自身，並思考自己是不是真的什麼都做不到？「某某事我做得很好。」、「我被稱讚了！」要像這樣去認同自己好的地方。

原來我也有好的一面……

❷降低理想難度

無法認同自己的人，具有追求過高自我理想的傾向。試著降低難度，在達成目標時好好稱讚自己吧！

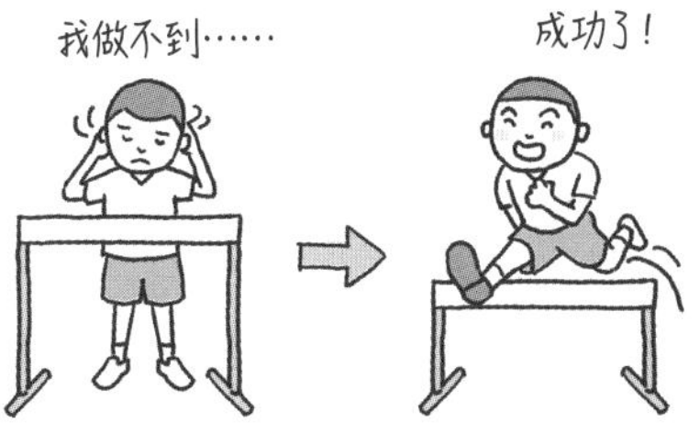
我做不到……
成功了！

❸學習自己擅長或有興趣的事物

不管什麼都好，試著去挖掘自己擅長的領域或興趣。藉由擁有自己的專業領域以及增長知識，能夠建立自信，也會有引以為傲之處。

我懂了……
小狗的身體構造

❹不在意周遭的目光

「反正我那麼沒用，還是照他的意見去做好了。」不要像這樣交給他人決定。依自己的想法做出判斷，不要因為周遭的意見或氛圍而隨波逐流。

嘰嘰喳喳
嘰哩呱拉
專注！
喀噠！喀噠！

28 靈感的原動力來自於什麼？

編輯記憶的能力正是靈感的原動力

在前面的章節裡，提到過所謂的創造力「並不是指化無為有」（細節請參照第62頁）。同樣地，若希望腦中可以浮現靈感，就必須先讓負責掌控記憶的顳葉做好一定程度的準備。

要做好什麼準備呢？答案就是「學習」。**為了促使靈感產生，就得先在顳葉裡儲存可構成靈感基礎的題材。**

聽到要死背或牢記東西，或許會有不少人覺得那是與靈感、創造力背道而馳的行為。不過，**如果沒有透過學習累積一定程度的記憶封存量，將無法產生靈感。**

就拿人稱神童的莫札特為例子來說好了，莫札特從小即接受音樂菁英教育，聽過數也數不清的各式音樂。正因為莫札特的顳葉裡有相當豐富的音樂相關封存記憶，才得以創造出足以流傳後世的獨特樂曲。

人類的記憶系統有著奧妙之處，而靈感和創造力的機制與此奧妙之處緊密連結，人們可說極可能是靠著記憶發揮作用而產生靈感和創造力的。

人類的記憶並非只是重現記在腦中的事物，而是在腦中重新編輯過後才呈現出來。這個編輯記憶的能力正是產生靈感的原動力。

靈感能夠豐富我們的人生，單以這點來說，也值得我們努力透過學習來建立穩固的基礎。

增加記憶封存量的方法

所謂的「封存」，是指儲存紀錄。封存在腦內的記憶會成為靈感的題材，如果想要有靈感，設法增加記憶封存量將顯得重要。從書中獲取知識、透過親身體驗而得知的資訊或感覺等等，都可成為腦內的封存記憶。另外，觀察四周也是一個有效方法。

重點在於「親身體驗」與「觀察四周」

親身體驗

從書本中獲取知識很重要，但透過親身體驗，可獲得多方面的資訊量。除了行為本身的相關知識之外，身體感受到的資訊也是相當重要的靈感來源。

觀察四周

我們已得知能想出具獨創性點子的人，在日常生活中都會仔細觀察四周。這些人藉由這麼做，來獲取各式各樣的資訊，進而收集具有獨創性的靈感題材。

29 有什麼方法可以不讓靈感溜走？

腦部具有確實留住靈感的機制

有件事情相當棘手，那就是我們無法預知靈感會在什麼時候浮現。因此，**為了不讓不知何時會浮現的靈感溜走，腦部具有可讓靈感留在記憶裡的迴路。**

額葉有個稱為「前扣帶迴」的部位。前扣帶迴的存在就像腦部裡的「緊急中心」，只要一有什麼不尋常的狀況發生，前扣帶迴就會第一個做出反應，並展開活動。

只要前扣帶迴一展開活動，該資訊就會傳遞到位在額葉端的外側前額前區，其存在就如同腦部的「指揮中心」。

外側前額前區會向腦內的相關部位發出指令，分別指示哪些部位要展開活動，哪些部位保持不動，藉此調整腦內的神經細胞活動。

當腦內發生值得注意的狀況時，前扣帶迴會率先發現，並將該資訊傳遞至外側前額前區。這時，此部位會針對來自前扣帶迴的資訊，發出「停止其他活動，集中處理這個資訊！」的指令，並為了做到最適當的處理而開始控制腦內各相關部位的活動模式。

我們的腦部會像這樣透過前扣帶迴與外側前額前區的密切配合，無時無刻都在監視有沒有可構成靈感的題材。說穿了，就是呈現在名為「無意識」的大海裡拋出釣魚線，等待著魚兒上鉤的狀態。

當魚兒上鉤時，外側前額前區便會收到來自前扣帶迴的通知，並執行必要的處理動作，讓腦部確實記憶住靈感。

讓靈感留在記憶裡的腦內機制

產生強烈的情感時，記憶會變得深刻。記憶最終會被儲存於顳葉，而海馬迴會在這時發揮重要的作用。另一方面，關於情感的掌控則是由杏仁核負責，強烈的情感可活化杏仁核，而帶來強烈情感的事件也會活化海馬迴，使腦部更容易留下該記憶。

伴隨強烈情感的事件可活化杏仁核

以杏仁核為中心的情感系統具有高效率的功能，可瞬間做出反應。杏仁核會因為伴隨強烈情感的事件而達到活性化。

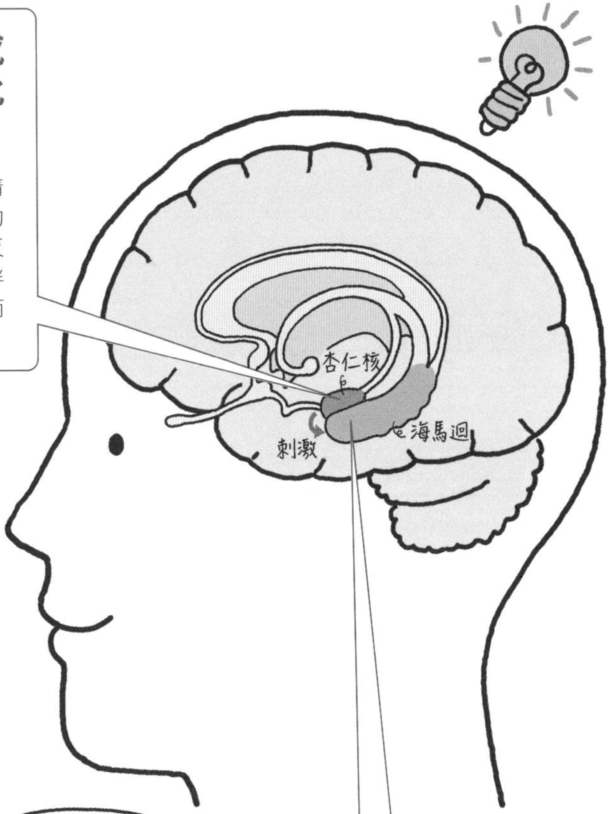

海馬迴會受到杏仁核的影響而活化，進而留下記憶

杏仁核會影響位在其附近的海馬迴。隨著杏仁核的活性化，海馬迴也會開始活性化，發生的事件同樣會確實在腦部留下記憶。

30 我要有一顆會不斷湧出點子的腦袋！

藉由「頓悟體驗」來養成產生靈感的習慣

據說某玩具大廠會訓練新進員工構思點子，幾乎所有新進人員在學生時期都不曾針對玩具認真思考過，因此剛開始做訓練時，有人甚至想了一整天也想不出半個點子。

然而，聽說經過一段時間的訓練後，新進員工漸漸有所改變，變成要想出三、四十個點子也不成問題。**只要讓腦部養成產生靈感的習慣，就會有如此大的改變。**

我們的腦部在這時呈現什麼樣的狀態呢？

腦部會為了求得符合所需的想法而持續使出全力動腦思考，反覆做著「思考出什麼後隨即打消想法，接著再從不同角度去摸索思考」的動作。於是乎，「就是這個沒錯！」的點子產生了。

以腦科學用語來說，這被稱為「頓悟體驗」（Aha! Experience）。聆聽他人針對某事進行說明時，忽然有種想通了的感覺時，英語會用一句「Aha!」來表達感受，「頓悟體驗」即是從「Aha!」這句話延伸出來的用語。

在焦躁難耐的狀態下持續認真思考時，**某瞬間腦海裡彷彿有一道光芒照射進來，跟著湧上一股「就是這個！」的感覺即是頓悟體驗，**而想出點子的行為即是典型的頓悟體驗。

反覆思考不明白的問題讓腦袋全力轉動，可形成有助於活化腦部的狀態，而這或許就是想出點子的捷徑。

就一個從事腦研究的人來說，這當中有著令人甚感興趣的現象。

持續思考有助於獲得頓悟體驗

藉由持續思考，可讓人得到靈感浮現時的頓悟體驗。持續思考的重點在於，當腦中浮現小小的點子時，應學會從各種不同的角度玩味摸索，慢慢讓點子的內容變得豐富。

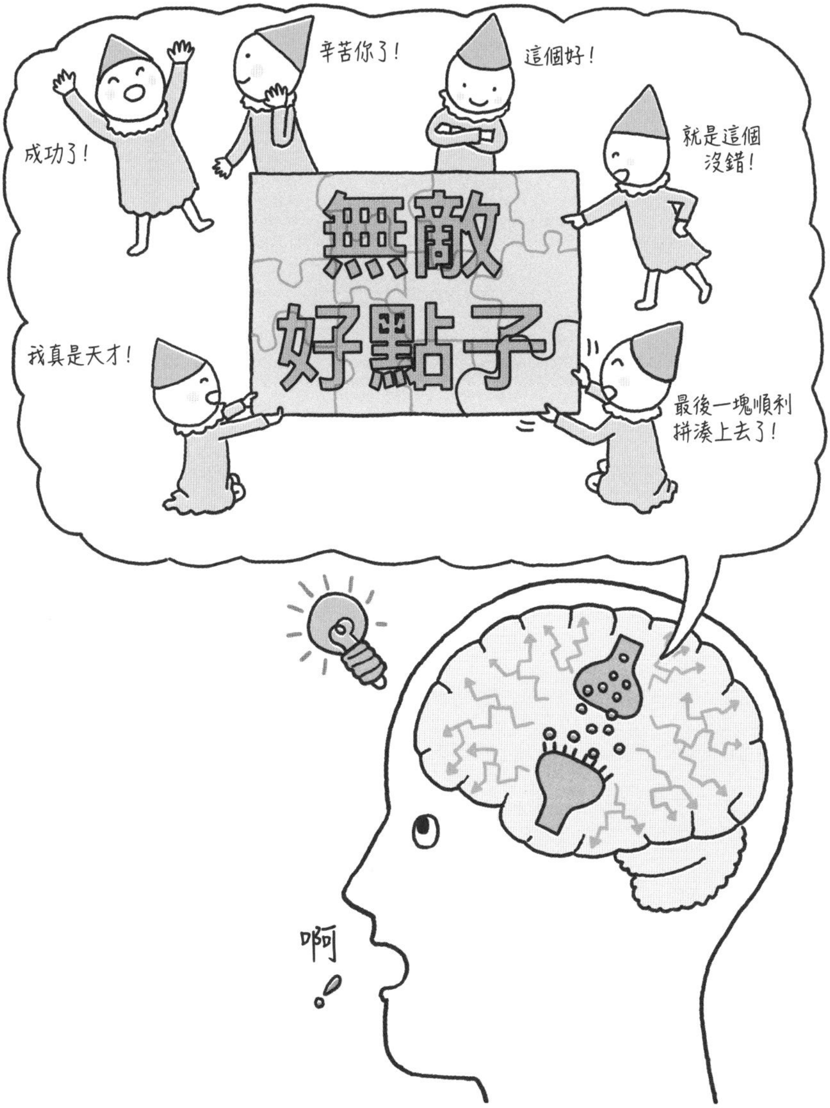

31 「頓悟體驗」到來時，腦內呈現什麼狀況？

神經細胞會一起展開活動，也會釋放出多巴胺

據說阿基米德因為看見浴缸溢水，而發現浮力原理；牛頓因為看見蘋果從樹上掉下來，發現了重力。在那當下，他們兩位肯定都大喊過：「我懂了！」這些都是偉大的頓悟體驗。

那麼，「頓悟體驗」的那一刻，腦內究竟呈現什麼狀況呢？

人類的腦部在一般狀態以及「頓悟體驗」時，明顯有著不同的反應。

目前已得知在「頓悟體驗」時，腦部的神經細胞會在約0．1秒的時間內，以驚人的速度進行集中性的活動。在那同時，也會在最佳時機分泌出犒賞系統物質「多巴胺」。

根據推測，「頓悟體驗」時之所以會有「我懂了！」的感覺，正是因為神經細胞一起展開活動以及多巴胺的釋放。

這就是我們的腦部在靈感湧現的那一刻會有的機制。

直到不久前，大家都會對學識淵博或事務處理能力強的人表示認同。不過，此刻，時代正迎向巨大的轉捩點。

我認為未來所追求的資質，將會是以「創造力」、「靈感」等字眼為關鍵詞。

當然了，不論在哪個時代，人們都需要具備創造力和靈感，只不過，在現代社會裡，人們會比以往更加需要擁有這兩項特質，創造力和靈感也將愈來愈受到認同。近來，我的這股感受愈發深刻，想必一定也有人跟我一樣吧！

從黑猩猩的行動也觀察得到頓悟體驗

針對頓悟體驗，德國心理學家柯勒（Wolfgang Kohler）進行了一項有趣的實驗，主要是把食物放在黑猩猩伸手摸不著的籠子外，進而觀察牠會如何取得食物的過程。從這項實驗中，可看到黑猩猩的頓悟體驗進程。

頓悟體驗的四大階段

❶準備期 針對應解決的問題反覆嘗試各種方法

籠子裡各放了一根長棍和短棍，不過，長棍也無法觸及食物。黑猩猩會伸長手或分別使用長棍和短棍試圖撈取食物，但卻無法成功。

❷加溫期（孵化期）透過準備期而累積下來的要素醞釀加溫，並仔細思考

黑猩猩開始在籠子裡走來走去，時而拿起棍子看，時而觀察四周。這時黑猩猩的腦內正呈現全力轉動的狀態，此行動非常重要。

❸開朗化（靈感浮現）期 靈感降臨

在加溫期時盯著兩根棍子看，或實際拿在手上觀察後，黑猩猩察覺到兩根棍子具有可互相插在一起的串聯結構。這時正是頓悟的時刻！

❹驗證期 實踐從靈感中得到的點子

將兩根棍子串在一起後，黑猩猩拿著變長的棍子成功取得食物，這就是頓悟體驗的經過。實驗證明黑猩猩也會有頓悟體驗。

32 可以讓「頓悟體驗」說來就來？

利用「頓悟圖片」以及「頓悟句子」

其實不需要將「頓悟體驗」想得太困難。相信大家都有過原先思考了老半天依舊想不通的事情，卻忽然間想通是怎麼回事的經驗吧？這也是一種頓悟體驗。

如同前面章節所說，藉由反覆累積頓悟體驗可活化腦部，這代表著**設法讓自己有愈多「忽然間想通是怎麼回事的經驗」會愈好**。

所以呢，我想在這裡把利用「頓悟圖片」以及「頓悟句子」的做法推薦給大家。

如果一直盯著乍看下看不出畫了什麼的圖畫，看著看著，就會浮現清晰的印象。而且，一旦印象形成後，就不會覺得那幅圖畫看起來像其他東西，這就是所謂的「頓悟圖片」（請參照左頁）。

另外，所謂的「頓悟句子」，是指如下列般的句子。

「布料破洞時，稻草堆就會顯得重要。」

這個句子的內容看起來焦點模糊，但如果能夠思考出某個關鍵詞，肯定會忍不住激動地大喊一句：「原來如此！」

給大家一個提示吧！這句「頓悟句子」的關鍵詞是「降落傘」。

若得在「降落傘」的布料有破洞的狀態下著陸時，能否順利降落在稻草堆上將左右生死——大家的腦海裡也會浮現這樣的解讀吧！

不妨試著像這樣**以玩遊戲的心情來反覆累積「頓悟體驗」，進而幫助腦部養成產生靈感的習慣**。

利用頓悟圖片來進行頓悟體驗吧！

利用頓悟圖片可體驗到靈感的浮現以及頓悟體驗，試著挑戰看看吧！一開始或許會看不出個所以然，但只要試著換不同部位來看或反覆猜測，相信就會在某瞬間有所察覺。我在這裡準備了較低難度的頓悟圖片，大家不妨試著挑戰看看吧！

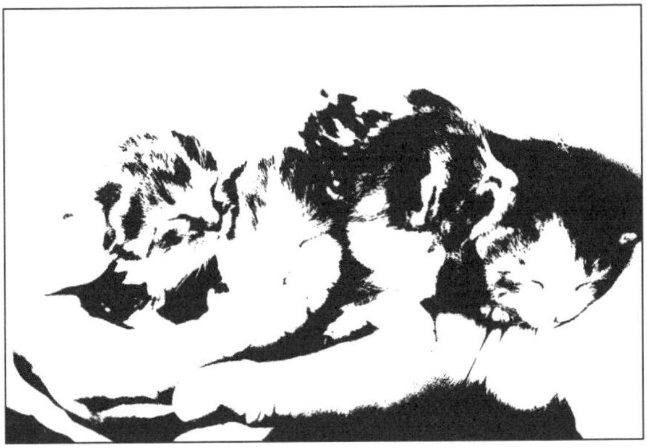

iStock.com/Meadowsun

有趣的是，一旦察覺到是什麼照片後，就不會覺得看起來像其他東西。

※解答請參照第82頁

column

「感質」——所謂像草莓的紅色是什麼「紅」？

雖然在本書內文中並未提到這點，但在思考人類的腦部時，有個概念是不能被遺忘的，那就是「感質」（Qualia）。

對於人類的經驗當中無法測量的經驗，現代腦科學稱之為「感質」。「感質」的概念是在表達人類感受所伴隨的獨特質感，這是非常主觀的感覺，甚至可以形容它是「構成內心的成分」。

紅色的質感、水的沁涼感、莫名的不安感、淡淡的預感，我們的內心充滿著無法加以數量化、既微妙又真切的「感質」。

然而，在腦科學的領域，一路來並未針對為何會有「心靈依附於腦部此一物質」這等不可思議的現象做過深入的研究。原因在於「感質」這個概念，並無法成為科學可視為對象的客觀性物質來解讀其活動。

不過，無庸置疑地，多數科學家都意識到了「感質」的存在。

發現DNA雙螺旋結構的英國科學家弗朗西斯．克里克（Francis Crick），在其著作中提到：「讀者可能會留下一種印象吧，覺得我儘管針對意識做出了各種推測，卻有技巧地避開了長期看來最深遠的問題。對於感質的問題（「紅色」的「紅」的問題），我隻字未提。關於這個問題，我能做到的只有把它塞到角落去，然後說一句：『祝大家好運。』」從這段話當中，大家想必也看出了科學家意識到「感質」存在的事實。

針對「感質」的探究，才剛剛起步而已。

※第81頁解答：上圖，親子檔的豹。下圖，4隻小貓咪。

第4章

AI和腦部的未來

在AI時代裡該如何活用腦部？

33 總有一天，人類將必須聽從ＡＩ的命令做事？

只要人類更加發揮勝過ＡＩ之處，就能共存

近年來，人工智慧（ＡＩ）來勢洶洶，有些人或許會因此擔心人類將成為必須聽從ＡＩ的命令做事之工具。

ＡＩ是人類的一項壯烈實驗，該實驗將人類的知性植入機器，讓機器在學習中不斷進化，甚至可形容是在創造人類的「一面鏡子」。

近年來，接二連三地開發出具備可分析各種事件，並找出最佳解答能力的ＡＩ。事實上，在象棋和圍棋的領域裡，也已發生過ＡＩ打敗專業棋手的案例。

在不久的未來，**勢必會出現ＡＩ的能力凌駕於人類之上，並因此取代人類的領域。**

不過，那也只是有限地取代人類的一小部分而已。

舉例來說，ＡＩ**並無法重現與個性息息相關的人格**，這是因為截至目前為止，尚未有可表現出人格的優秀機型問世，另外，ＡＩ**也無法重現人類的豐富情感**。

我們會透過聽音樂、欣賞畫作、閱讀小說等方式，得到各式各樣的感動，但以目前的ＡＩ來說，幾乎無法對藝術做出任何反應。ＡＩ或許有能力模仿出達文西的畫，但不具有會令人說出「嘆為觀止！」的感動能力。

我相信未來只要更加發揮ＡＩ無法重現的、唯有人類才擁有的人性化能力，就能與ＡＩ保有互補的關係，在世界上共存下去。

哪些職業有可能在不久的將來被AI取代？

2014年，在英國牛津大學從事AI研究的奧斯伯恩副教授做出震撼力十足的預測。該預測內容為在10～20年後的未來，美國的就業人口總數當中，約有47%的工作極可能被自動化取代。以下是極可能消失不見的職業和工作列表，據説當中每一項目被AI取代的機率皆高達90%以上。

有可能消失不見的主要職業和工作

- 銀行的融資專員
- 運動裁判員
- 房仲人員
- 餐廳帶位員
- 保險審核專員
- 動物飼養員
- 電話接線生
- 負責處理員工薪資、福利的人員
- 收銀員
- 娛樂設施帶位員、撕票員
- 賭場荷官
- 美甲師
- 負責審核、調查信用卡申請者的作業人員
- 收款員
- 律師助理
- 飯店櫃檯人員
- 電話銷售員
- 修改（縫補）工作室
- 鐘錶技師
- 代填報税單人員
- 圖書館員助理
- 資料建檔業者
- 雕刻師
- 負責處理、調查客訴案件的人員
- 簿記、會計、審核事務員
- 負責檢查、分類、採收樣本、量測工作的作業人員
- 電影放映員
- 相機、攝影儀器的修理技師
- 金融機關的信用分析師
- 眼鏡、隱形眼鏡的技術人員
- 調配、噴灑殺蟲劑的技術人員
- 假牙製作技術人員
- 量測技術人員、地圖製作技術人員
- 園藝、建地管理人員
- 建設機具操作人員
- 到府銷售員、報攤、路邊攤販
- 油漆工、壁紙施工師傅

※以上內容為奧斯伯恩副教授在其論文《僱用的未來》中，所舉出的容易被AI取代之工作。

34 電腦也能靈光一閃？

電腦不會靈光一閃

2000年的諾貝爾物理學獎得主，是美國的一位電子工程師傑克·基爾比（Jack Kilby，1923～2005年）。

傑克·基爾比在1958年想出「積體電路」的點子，也就是把一直以來都是將各式各樣的電子裝置串聯在一起的電路，整合到一塊矽基板上的主意，並且成功製造、量產出了積體電路。

若是少了這個想法，想必就不會有今日如此種類豐富的電子儀器，搞不好也不會有網際網路和AI的誕生。

要形容這是歷史上最偉大的點子，一點也不為過。

說到從傑克·基爾比的概念發展出來的電腦，就「按照程序快速解開問題」這點來說，電腦已經進化到單憑人類的能力完全追不上的境界了。

不過，截至目前為止，電腦還做不到能夠脫離既定程序而有所構思或找出靈感。

一路以來，日本的學校教育都是以「快速解開有明確答案的問題」為第一優先來教導學生，然而，在今日，早已經換成由電腦以壓倒性的驚人速度在負責這些操作。

這麼一來，**人類的腦部將必須能夠發揮比以往更強的能力，去做惟獨人類才做得到的事情。**

那也就是靈感，畢竟只有人類的腦部才會靈光一閃。

一起來瞧一瞧AI的研究史！

AI絕非人類的敵人，若不是有了AI，相信我們也不會擁有如今這般方便又豐富的生活。在這裡，我想簡單說明一下這個為我們帶來幫助的AI研究史。AI同樣是靠著研究家們的努力以及靈感所開發而得的結晶，可說正是從人類的靈感中誕生而出的存在。

第一波AI風潮

●1950～1960年代
●特徵：探索與推論

在達特矛斯會議上，首次出現「人工智慧」這個字眼。這時代的AI是被運用在解開競技或益智遊戲的謎題，或查出迷宮的脫逃路徑等領域。然而，當時的AI只能在一定範圍的框架內動作，因此到了1970年代便進入第一次的「寒冬期」。

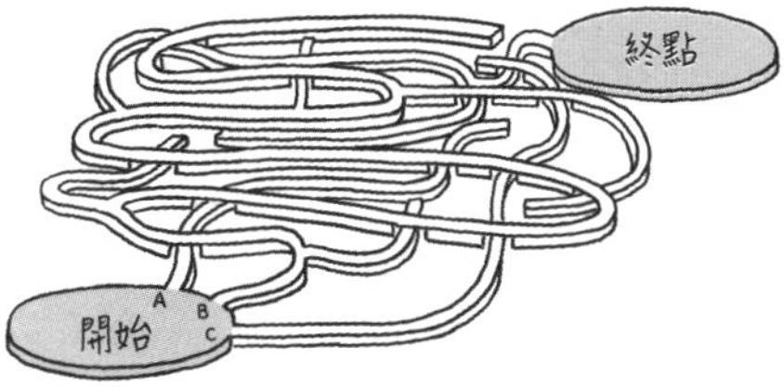

第二波AI風潮

●1980年代
●特徵：知識表達

家用電腦普及化。這時在AI導入了名為「專家系統」的專業知識來進行推論，進而開發出可讓AI表現得如專家一般的軟體。然而，因為教導AI知識的動作十分繁瑣，所以到了1995年左右，再度進入寒冬期。

第三波AI風潮

●2000年代～
●特徵：機器學習

透過利用被稱為「大數據」的大量資料，AI本身可自動獲取知識的「機器學習」，以及可依所輸入的資料自行辨別特徵來學習特定知識和模式的「深度學習」問世。導入這些功能而開發出在社會上、生活上具實用性的系統陸續誕生中。

第三波AI風潮的主要事件	
1997年	專為西洋棋開發的AI擊敗世界冠軍
2006年	深度學習的實用方法問世
2011年	IBM的「華生」參加益智節目擊敗人類
2012年	影像辨識的技術提升，可從影像檔案中辨識出「貓咪」
2016年	「AlphaGo」擊敗職業棋士

35 AI的知性和人類的知性有何不同？

人類的知性關鍵在於直覺和突發念頭

1997年，由IBM開發製造的超級電腦「深藍」，擊敗西洋棋界世界冠軍棋士的消息傳遍全世界。「電腦知性超越人類知性的一天果真來了！」世人感到震驚不已，但專家們卻是十分冷靜。

為什麼呢？因為**「深藍」的思考過程和人類的思考過程毫無相似之處**。

以人類來說，直覺會搶先在前頭，接著才會依理論性的解讀來證實直覺。以象棋的棋士來說，據說他們憑直覺就可以在最初幾秒鐘內掌握到自己該走哪一步棋。在那之後的比賽時間，棋士會以理論性的解讀來補強憑直覺掌握到的那步棋，進而拉高「走那步棋會是最佳一步棋」的機率。

另一方面，「深藍」是以1秒鐘執行1億次以上的預測動作在執行程式。「深藍」被設計成只會理論性地從龐大的資料庫裡，去搜尋可行的棋子走法。

如果想創造出真正接近人類知性的「思考機器」，必須先理解人類在日常時不經意做出的言行舉止背後，腦部發揮著什麼樣的作用。畢竟人類的日常對話等等不像遊戲那般有著規則或正確解答，當中很大部分都是突發念頭。

人與人在對話時，必須配合對方的發言，臨機應變地應對交流，這個產出話語的過程，即是仰賴腦部的直覺機制在支撐。

像這樣的突發念頭，正是符合人類表現的知性。

2016年，AI擊敗了圍棋世界冠軍棋士！

2016年Google DeepMind開發的「AlphaGo」擊敗了多位圍棋世界冠軍棋士，這個事實讓全世界的人們痛切感受到AI的進化。圍棋被認定是複雜且抽象的策略遊戲之一，人們也一直抱著AI不可能贏過人類的想法。然而，「AlphaGo」徹底推翻了人們的推測。在圍棋界，未來將會是人類必須努力追上AI的局面。

進化到更高境界的圍棋AI問世！

2017年Google DeepMind發表已成功開發出比「AlphaGo」更卓越的「AlphaGo Zero」。據說「AlphaGo Zero」與「AlphaGo」對奕結果，獲得了百戰百勝。

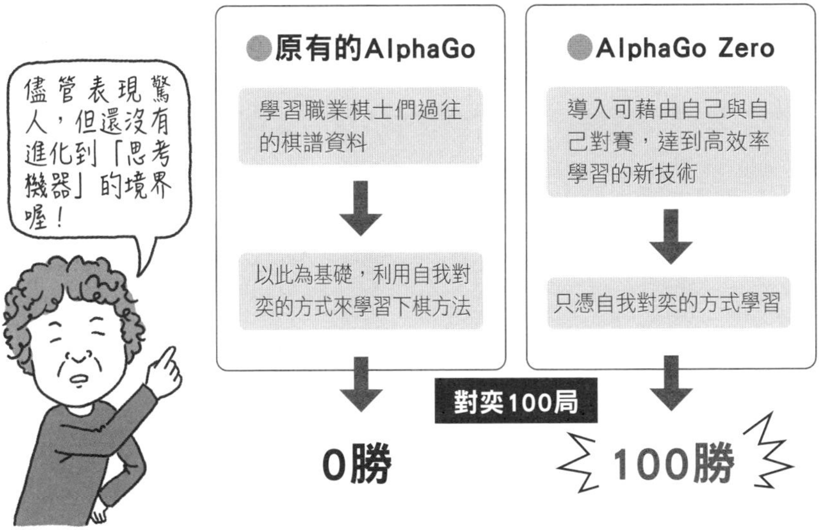
儘管表現驚人，但還沒有進化到「思考機器」的境界喔！
原有的AlphaGo
學習職業棋士們過往的棋譜資料
以此為基礎，利用自我對奕的方式來學習下棋方法
AlphaGo Zero
導入可藉由自己與自己對賽，達到高效率學習的新技術
只憑自我對奕的方式學習
對奕100局
0勝
100勝

36 ＡＩ的ＩＱ比人類還要高？

拿人類和ＡＩ來比較ＩＱ毫無意義

「ＡＩ會不會比我還聰明？」相信不少人會有這般不安的情緒，接下來的這句話或許會讓這些人深受打擊，但我**不得不說ＡＩ已進化到科技奇異點（Singularity）的境界，若是硬要加以數據化的話，據說可高達ＩＱ（智商）4000的水準**。

據說天才愛因斯坦的ＩＱ高達180，但與ＡＩ相比，簡直是天壤之別。ＡＩ的ＩＱ之高，就連愛因斯坦也望塵莫及。

這下子恐怕會有更多人感到不安，可能會想：「人類會不會就此失去存在意義？」

不過，沒那回事的。

只要把必須善用計算力和記憶力的工作交給ＡＩ去處理，好好發揮只有人類才做得到事情就好了。為了做到這點，人類所擁有的「情感豐富度」會給予我們很大的啟發。

對於理論（邏輯）和情感（情緒）這兩個主軸，我們人類的腦部原本就是把重點放在情感的那一方一路進化而來。

因此，人類具有不擅長做理論性思考的傾向，不過，**人類擁有非常豐富的情感表現能力，就這方面來說，占有絕對的優勢**。

正因為如此，在情感的領域上，可說是被我們人類獨占了表演舞臺，幾乎完全不用擔心會被ＡＩ追上。

也就是說，人類和ＡＩ的能力打從根本就是不同的能力，所以**只靠ＩＱ來比較人類和ＡＩ一點意義也沒有**。

人類和AI的能力有何差異？

AI的進步速度快得讓人頭昏眼花，據說如果AI照著目前的速度持續進化，將會在某個時間點超越人類的智能。然而，人類和AI的能力明顯有所差異，重要的是，看清楚兩者之間有何差異，再去思考人類應該如何發揮才是。

人類和AI的能力分擔

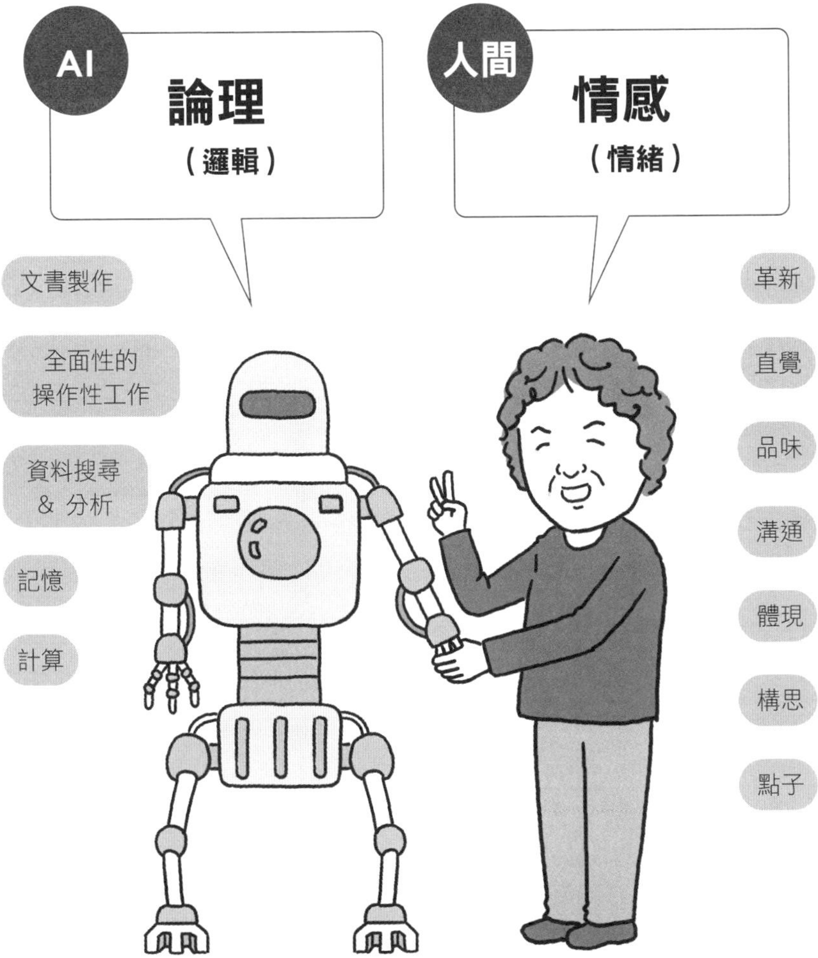
AI
論理
（邏輯）
人間
情感
（情緒）
文書製作
全面性的
操作性工作
資料搜尋
& 分析
記憶
計算
革新
直覺
品味
溝通
體現
構思
點子

37 對人類來說，AI發達是一件好事？

多虧有了AI，人類可以「吊兒郎當」過活

AI的特徵在於由人類訂出標準規則和評價基準，並且忠實地遵照該規則和基準來運作。

只要替AI訂出準則和評價基準，AI將會是非常值得信賴的存在，而在未來，AI的能力想必也會持續進化下去。

所以，雖然有些擔心會招來誤解，但**我還是大膽預測未來有可能迎向人類可以活得比較「吊兒郎當」或「隨性草率」的時代。**

舉例來說，以往打算前往陌生之地時，都會事前查看地圖做好調查，走在路上時也會莫名地抱著戰戰兢兢的謹慎態度。

不過，現代生活多虧有了智慧型手機，所以心裡會有種「即使走得有些隨性也總有辦法抵達目的地」的安心感。

我想這就是「吊兒郎當帶來的自由」。

即使有些偏離了標準規則，AI也會幫忙做後續的處理，所以不論在工作上或學業上，我們都能放手去冒險、挑戰。

教育也一樣，以往，一旦偏離了學校體系，就會難以回歸，然而，如果在AI時代，就可以從各式各樣的選項來挑選學習方法和機會。

還有求職方面也相同，AI將可以做到協助想找工作的人和企業進行配對，企業端也會愈來愈容易挖掘到優秀的人才。

也就是說，AI的發達為人類帶來了自由，所以應該可以說是好事一件吧！

為人類帶來自由的各種AI

多虧AI的進化，人類的生活變得輕鬆許多是個不爭的事實。哪怕沒有攤開地圖、哪怕沒有時刻表，只要手上握有智慧型手機，想去哪兒都不成問題。打掃工作也好、汽車或捷運的駕駛也好，AI都能夠為人類代勞。正因為如此，我們更應該把生活變得輕鬆，多出來的時間就好好利用在人類才能達成的活動上。

貼近生活的方便AI

- Google、Yahoo!等搜尋引擎
- 可下載至智慧型手機的轉乘資訊APP、可辨識語音和理解語意的「Siri」
- 吸塵器、空調、洗衣機或冰箱等家電
- 可分析信用卡的使用狀況，進而找出盜刷交易
- 可早期發現人類醫生難以診斷出來的疾病
- 可進行24小時全天候健康管理的看護機器人
- 可協助農家的農業機器人……等等

扛起社會性職責的AI

- 以醫療紀錄和臨床實驗的電子資料為根據，進行準確的診斷並安排最佳治療計畫
- 可支援醫師進行手術的手術機器人
- 配合病患的症狀和身體適應性開發藥品
- 將大量的答辯摘要書狀和判例資料電子化，進而協助律師
- 安裝於轉角處和人行道上，當警察替身的感應器……等等

38 有可能製造出如人類般的人工腦嗎？

這無疑是天方夜譚

「在未來的時代，電腦有可能像人類一樣持有意識嗎？」隨著ＡＩ的發達，人們心中理所當然會產生這般疑惑。

針對這個問題，在目前這個時間點，ＡＩ並未被安裝如人類所持有的意識或情感。

在這裡我想談一談ＡＩ與人工生命有何差異，大家不妨參考看看。

所謂的人工生命，是指由人類親手設計出來的人工化生命。如果要說人工生命會持續進化，那肯定是開始持有欲望。畢竟雖說是人工，但終究是一種「生命」，會產生希望留下後代或希望存活下去之類的想法，即是生命的本源欲望。

然而，人工生命的研究遠遠落後於ＡＩ的研究，**就連小小一顆細胞，人類到現在還是製造不出來**。思考到這點後，就會覺得想要以人工方式創造出人類的腦部，無疑是天方夜譚。

因此，**我認為在未來的時代，人類將會更加看重「生存」這件事**，這也意味著人類要具備更堅定的意識和情感。

假設ＡＩ變成了廚師，為我們煮出一桌美味佳餚好了，在此時，ＡＩ本身做不到因為品嘗到佳餚而讚嘆料理好吃的舉動，只有人類才懂得讚嘆。

這當中有著人類的存在價值。

正因為如此，隨著ＡＩ的發達，未來將會是考驗我們人類該有何種生存之道的時代。

磨練人類才有的感性

把理論的範疇交給AI負責，人類則負責感性的領域，藉由這麼做，也有助於在未來畫出區隔。相反地，如果沒有磨練感性，恐怕就會被AI搶走工作。在這裡，我想為大家介紹可以從人類才擁有的感性之中，取得在AI時代存活下去的三種武器。

喜惡

AI只能針對有正確答案的事物做出反應。「喜歡」和「討厭」沒有正確答案，不過，人類會依喜歡和討厭做出判斷。正因為如此，才更應該珍惜之。首先，讓自己擁有很多「喜歡」的事物吧！藉此，可以讓自己變得更加感性。

個性

舉例來說，所謂美麗的五官可分為很多類型。對於美女，我們無法將「何謂美女的條件」加以數據化，美是一種個性，人類的感性能夠理解個性化的事物，但AI終究無法擁有感性。

五感

還有一個AI仍遠遠不及人類之處，那就是「五感」，也正是所謂的「感質」（細節請參照第82頁）。透過五感而得到的感質，正是人類的武器，讓自己磨練五感，努力開拓可活用五感的工作吧！

39 在AI時代裡，人類的直覺可靠嗎？

未來的時代更需要發揮野性的直覺

這樣的說法或許與常識有些互相矛盾，但**我一直深深覺得想要在AI時代裡存活下來，必須具備「野性的直覺」**。

「野性的直覺？真的可靠嗎？」相信很多人內心都會湧現這般疑問吧！

不過，那些在尖端資訊科技領域上有著活躍表現、舉世聞名的人們，皆表示在遇到緊要關頭時，就會相信如野生動物的直覺來採取行動。

叢林裡的野生動物們會憑靠直覺做出判別，像是「這果實能不能吃？」、「這傢伙是不是危險動物？」等等，畢竟如果太遲做出判斷，就會是死路一條。

在預期AI會更加發達的未來，想必將會邁入人們必須如同野生動物一般，瞬間做出重要判斷的時代。

不僅如此，判斷速度也會一天比一天加速。**未來必須具備跟得上判斷速度的直覺力，才能贏得優勢存活下來。**

不過，這般直覺力並非多特別，甚至應該說，直覺力是屬於人類腦部最擅長的能力。

前面的章節裡也提到過，「人類只需要短短2秒鐘的時間即可做出判斷」（細節請參照第30頁）。這是因為人類的腦部可憑靠直覺或靈感，來識破事物的本質，也就是說，**人類的優勢在於不需要像AI那樣累積資料數據，也能立刻做出結論。**

人類若希望未來能夠善加活用自己的特性，磨練直覺會是最佳戰略。

磨練直覺力的方法

未來的時代裡，一切事物的進行速度將會隨著AI的進化變得越來越快。在這之中，能否迅速做出決定或判斷將成為存活的關鍵。直覺力是由額葉所掌控，而顳葉負責提供進行判斷的材料，藉由強化兩者的作用和連結，可達到磨練直覺力的效果。

❶累積經驗、增長知識

憑直覺做出判斷之際，記憶將會是判斷的材料，而設法讓自己擁有大量的判斷材料將顯得重要。正因為如此，才必須累積經驗和知識。

❷接受不花時間、隨即做出決定的訓練

做出判斷的速度必須非常迅速。提醒自己平時就要多累積迅速做出決定的經驗。舉例來說，把圍棋或象棋等思考時間受到限制的遊戲視為嗜好，也是不錯的訓練。

❸不要動不動就贊同他人的意見

很多人屬於隨聲附和型的人，總會被第一位發言者的意見牽著走。然而，為了磨練直覺力，絕對不可少了自己動腦思索的「批判性思考」。別再動不動就附和他人的意見了！

40 在未來的時代，必須具備哪些能力？

人類才擁有的「體現性」將顯得重要

在邁入AI時代的未來，所需人才將會是可迅速做出判斷，並採取行動的人。也就是說，人才必須具備卓越的直覺和感受力（感覺）。

那麼，該如何磨練直覺和感受力才好呢？

為了磨練直覺和感受力，**腦科學所指的「體現性」（請參照第100頁）將顯得重要。**

所謂的體現性可分為兩個部分，一個是「認知自己的身體屬於自我之持有意識」，另一個是「認知自己所做的運動是憑靠自身實現之主體意識」。

舉例來說，英國的菁英教育會藉由讓孩子們體驗足球或橄欖球，來磨練直覺和感受力。為什麼呢？因為在進行足球或橄欖球比賽時，必須在零點幾秒鐘內判斷下一步要做出什麼動作，否則就會來不及，這除了憑靠直覺，別無他法。

同樣地，被形容為商務菁英人士的一群人都**確實理解在磨練官能上，運動所帶來的體現性直覺有多麼重要。**

不過，並非只能透過劇烈的運動，才能鍛鍊體現性。

在慢跑或散步時從吹來的風感受季節的變化、品嘗到自己愛吃的店家食物時的療癒感、看天空模樣來預測氣候的變化、與人見面交談……這些日常中微不足道的小事，也都在鍛鍊我們的體現性。只要像這樣**不是憑靠知識，而是利用自己的身體去感受，並養成思考的習慣，就能慢慢鍛鍊出敏銳的體現性。**

人類在AI時代必須具備的能力

無庸置疑地，AI在未來將更加進化。考量到這點，大家不妨從現在就開始做準備吧！只要先做好準備，就可以讓自己更容易在AI時代裡生存。

提升「體現性」

「決定和行動」與理論無關，而是跟體現性有關。另外，體現性對建立學習和智力也能帶來正面的效果。跑步非常適合作為磨練體現性的訓練，若養成跑步的習慣，也能培養出行動力。

與不特定的多數對象自由溝通

人類的最大武器是可互相溝通的能力。在現代，可透過社群網路與全世界不特定的多數對象交談，因此讓自己積極與人建立關係，慢慢磨練溝通能力吧！

不依賴知識或教養，也不依賴頭銜或組織

美國走在AI研究的最前端，這個國家的人們重視實力。在未來，智慧方面將會由AI來負責，所以不論是學歷或職位頭銜都將失去必要性。比起這些，在只有人類才做得到的領域裡擁有實力更重要。

column

人類才擁有的「體現性」是什麼？

在哲學、宗教、心理學、認知科學、人工智慧、腦科學等各種領域裡，「體現性」的定義有所差異。本書依腦科學的見解在內文裡已說明過體現性（細節請參照第98頁）。

在這裡，我想更簡扼地說明一下何謂體現性。體現性是指從事運動時，透過身體各部位去理解外部，讓身體可以保持重心或運動肌肉；在演奏弦樂器時，透過指尖感受弦線、透過耳朵聆聽聲音來進行演奏。

像這樣透過身體得到的感覺，即是「透過體現性而得的感受」。

我們人類在演化的過程中，曾生存於各式各樣的環境，也讓身體化為環境的一部分去感受、思考，一路這麼演化過來，也就是說，若少了身體就會難以產生知性。

近年來因為技術的進步，讓分隔遙遠兩地的人們瞬間即可取得聯繫，即使待在家裡，也能掌握到全世界的資訊。然而，生活變得便捷的另一面，缺乏體現性的關係帶來了各種弊病。

如果都是根據缺乏實態的資訊所創造出來的思考，將會使得腦部失去平衡。正因為未來會是AI當道的時代，人類把透過親身體驗而感受到的資訊輸入腦部的動作才會比以往更顯重要。

第5章

腦部的作用

一起來看看一部分的腦部功能吧！

41 腦部——掌控人類整體生命活動的指揮中心

腦部的三大區域各司其職，並相互合作

眾所周知腦部是如同人類整體生命活動的指揮中心般地存在，全身上下的各種器官以及運動、語言、思考，都是由腦部負責管理與控制。

腦部是靠著大腦、小腦、腦幹三大區域而得以發揮作用，這三大區域可再細分為諸多部位。

腦部的最大部位就屬大腦，占了約整體的85％，小腦則占了約10％。

大腦主控感覺、思考、情感、記憶等精神與肉體的活動。小腦是運動學習的中樞，具有維持身體平衡感、促使運動變得流暢等作用。

腦幹是指包含了間腦、中腦、橋腦以及延髓的部位，負責調節呼吸、睡眠和脈搏等無意識性的生命活動，也就是說，腦幹是維持生命不可或缺的區域。

腦部的各個部位有著各自不同的作用，它們彼此之間會互相合作，以整體來構成生命活動的指揮中心。

腦部是藉由神經元（Neuron）來連結各個部位。

關於神經元，在這裡先簡述，下一個章節將會進行更加詳盡的說明。據說腦部擁有數百億至一千億個以上的神經細胞，**這些神經細胞呈網狀互相連結，架構起巨大網路（神經迴路），而腦部是利用此巨大網路來處理龐大資訊，並將資訊儲存為記憶，進而思考。**

如同在第1章的第1小節所做過的說明，就是因為有資訊在神經細胞的網路裡來回穿梭的動作，我們才會產生意識和情感。

腦部（大腦、小腦、腦幹）的機制

大腦 ●心臟和身體的指揮中心

與記憶、思考、感覺、運動、情緒等方面有所關聯。

➡ **控制精神和肉體活動的中樞！**

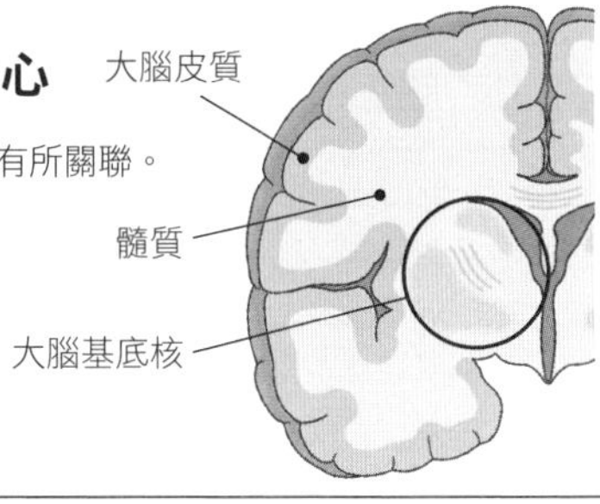
大腦皮質
髓質
大腦基底核

占整體的 85%

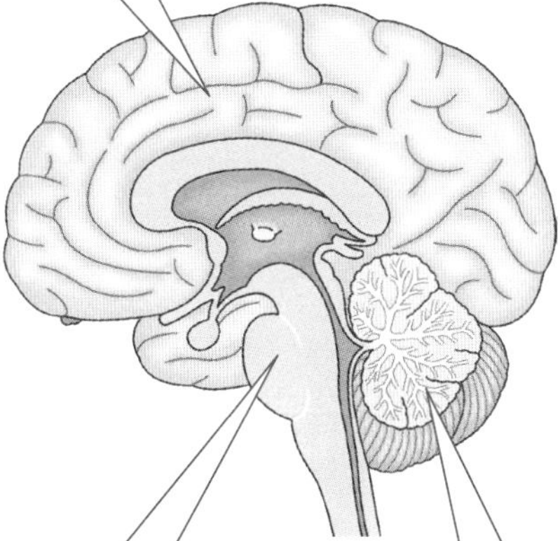

占整體的 10%

腦幹 ●維持生命功能

與呼吸、脈搏、體溫、睡眠等方面的調節有所關聯。

➡ **無意識下進行之維持生命活動的中樞！**

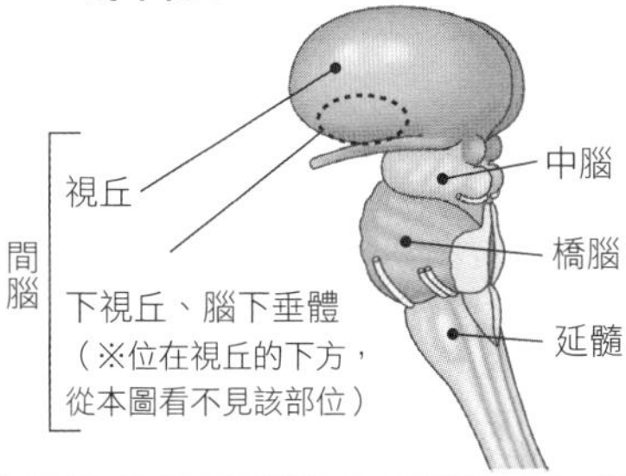
間腦
視丘
下視丘、腦下垂體
（※位在視丘的下方，從本圖看不見該部位）
中腦
橋腦
延髓

小腦 ●調節運動功能

與平衡感、流暢的運動、保持姿勢等方面有所關聯。

➡ **運動學習的中樞！**

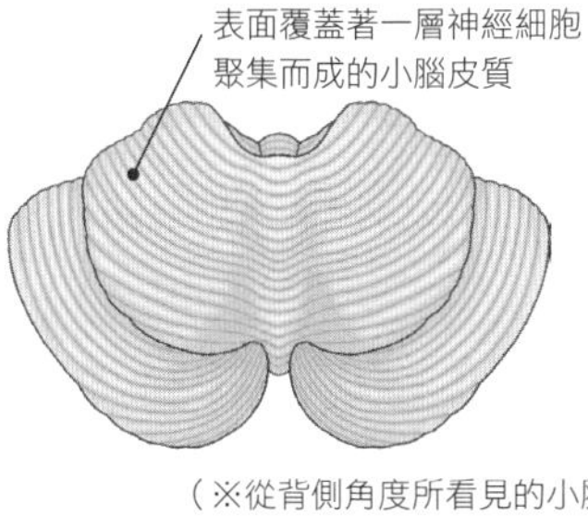
表面覆蓋著一層神經細胞聚集而成的小腦皮質

（※從背側角度所看見的小腦圖）

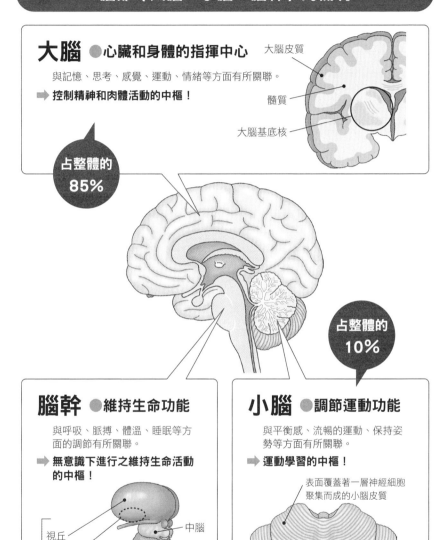

42 神經迴路——連結腦部內部的網路

多虧了神經細胞，腦部才得以發揮複雜的功能

腦部主要是由神經元以及膠質細胞（神經膠質細胞）所構成。兩者的比例為膠質細胞約占90％、神經元約則占10％。

不過，當中只占了**10％的神經元支撐著腦部最重要的功能，包含了資訊處理以及興奮情緒的傳遞**。

神經元彼此之間的結合錯綜複雜，並且會互傳資訊，進而建構出巨大的網路，此一網路稱為神經迴路。

當我們受到來自外部的某種刺激或專注於思考什麼時，腦內會為了處理和交換資訊，展開忙碌的活動。

神經元具有無數被稱為樹突的突起部位，樹突會收集來自其他部位或其他神經元的資訊。收集到的資訊會化為電訊號進入細胞體在細長的軸突內流動，並傳遞到神經末梢。傳遞到神經末梢的資訊會從電訊號轉換為化學物質（神經傳遞物質）的訊號，再傳遞到其他神經元以及體組織。接收到訊號的神經元會將該刺激再次轉換為電訊號，在神經元內進行傳遞動作（請參照左頁內容）。

至於另一方的膠質細胞，以往一直被認為是專門負責提供空間或養分給神經元，屬於輔助神經元的存在，但因為發現**如果少了膠質細胞，腦部就會無法正常運作，所以現在大家漸漸認定膠質細胞與資訊處理也有著極深的關聯**。

神經元傳遞資訊的機制

神經元的網路

無數神經元會在神經末梢部位進行資訊的傳遞，該結合部被稱為突觸間隙。

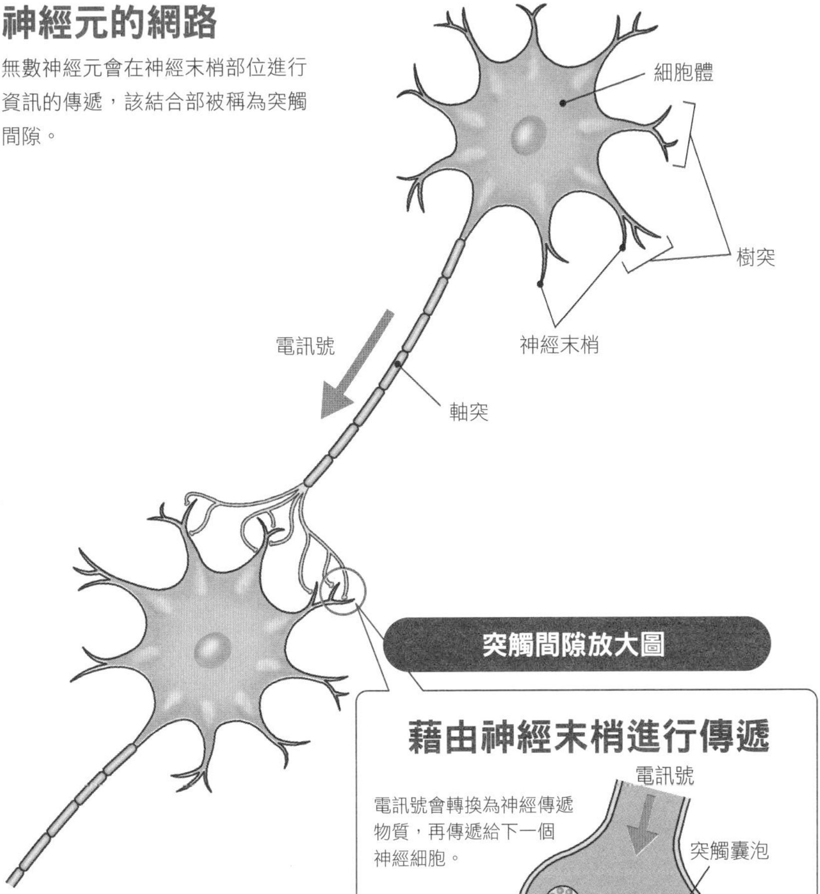
細胞體
樹突
神經末梢
電訊號
軸突

突觸間隙放大圖

藉由神經末梢進行傳遞

電訊號會轉換為神經傳遞物質，再傳遞給下一個神經細胞。

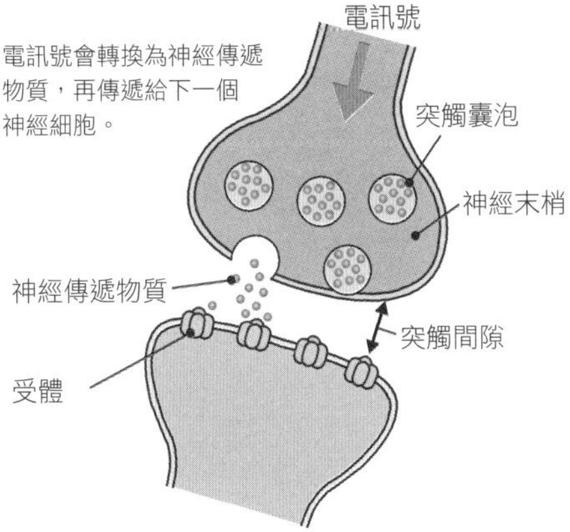
電訊號
突觸囊泡
神經末梢
神經傳遞物質
突觸間隙
受體

43 神經傳遞物質——與身心狀態有著極深的關聯

心理狀態會依神經傳遞物質的質與量而定

神經細胞之間在進行資訊的傳遞時，彼此不會直接結合，兩者之間有著20～30奈米的微小間隙。

此微小間隙即稱為突觸間隙。

在神經細胞內以電訊號傳遞過來的資訊，會在神經末梢部位轉換成名為神經傳遞物質的化學物質，並釋放至突觸間隙。此外，腦部的神經細胞種類繁多，每種神經細胞會釋放一個種類的神經傳遞物質。

另一方面，接收資訊的細胞前端具有多個受體，受體會負責接收被釋放出的神經傳遞物質，而各個受體都有可與其配對的神經傳遞物質。

藉由神經傳遞物質傳遞過來的資訊與受體結合後，會再度轉換為電訊號。

神經傳遞物質也被稱為腦內荷爾蒙，心理狀態會依其種類與數量而定。

照理說，**藉由神經傳遞物質可使腦部的興奮程度維持在平衡狀態，但會因為承受強大壓力等原因，而發生神經傳遞物質數量過度不足的現象，**據說視狀況不同，有時還可能引發心理疾病。

所以，我在第1章的第6小節也強調過，時而讓自己擁有腦袋放空的時間，利用預設模式網絡（DMN）來整理腦內也是非常重要的一件事。

藉由這麼做，可調整好神經傳遞物質過度不足的狀況，也能讓身心恢復健康。

神經傳遞物質的種類與作用

主要神經傳遞物質

乙醯膽鹼

可促使神經興奮，與意識、智能、覺醒、睡眠等方面有關聯。富含於大腦皮質與大腦基底核。

多巴胺

可促使腦部覺醒，讓精神活動變得活躍。與快感、喜悅等方面有關聯。生成於大腦基底核。

正腎上腺素

具強大的覺醒力，與警戒、不安等方面有關連。生成於腦幹。

血清素

可抑制過度的腦部覺醒和活動。生成於腦幹。

GABA（γ-氨基丁酸）

具有可降低血壓等鎮定精神的效果。含於海馬迴、小腦、大腦基底核等部位。

β-內啡肽

具有近似嗎啡的效果，被稱為腦內啡。含於腦下垂體等部位。

催產素

與愛情、信賴感等方面有關聯，亦具有促進母乳分泌的作用。生成於腦下垂體。

藉由神經傳遞物質來維持平衡

各種神經傳遞物質若能在平衡狀態下發揮作用，可使心靈保持穩定。

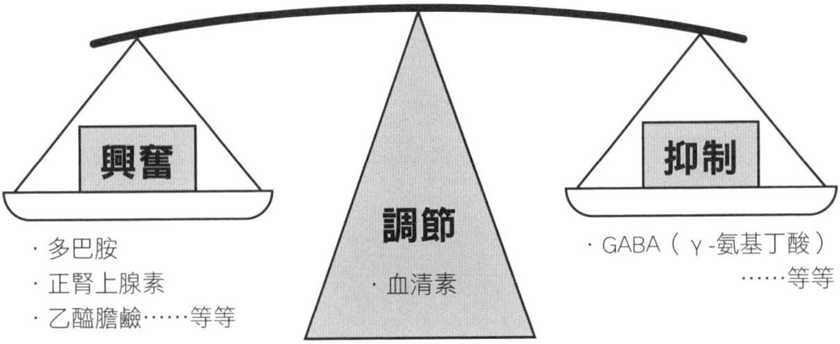

44 功能中樞——神經細胞叢聚的皮質

依區域不同，大腦皮質會發揮不同的功能

大腦分為左半球和右半球，**左半球稱為左腦，右半球則稱為右腦**。雖然右腦和左腦的大小和形狀幾乎相同，但各部位的配置並非對稱，功能也有所區別（細節說明於下一章節）。

稍微岔題一下，因為左腦和右腦在功能上有所迥異，所以有一說法將人類診斷為「左腦派」或「右腦派」，但以腦科學的角度來說，這毫無意義。右腦和左腦是由胼胝體所連接，而胼胝體是由數量約為兩億根、呈現束狀的軸突所構成，左、右腦會互相交換資訊來發揮功能，所以不可能只有一邊的腦發揮功能。

左、右半球以被稱為腦溝的深陷皺褶為界線，可細分為4個葉。

大腦的表面覆蓋著一層厚度約3毫米的大腦皮質，而大腦皮質為神經細胞聚集而成的組織，此大腦皮質正是支撐我們的智力活動的中樞。

額葉占了大腦皮質三分之一的容積，負責掌控思考、判斷等高度智力活動，可說是整體神經迴路的指揮者。前章所提到的專注力迴路或是要求靈感的指示，皆由額葉掌控。

頂葉擁有負責掌控疼痛感、溫度等皮膚感覺（體感）的體感皮質，顳葉擁有聽覺皮質，枕葉則擁有視覺皮質。

除此之外，大腦的中央部位有負責調節情感系統的邊緣系統，也有可與小腦一同發揮作用來調節身體動作的大腦基底核等部位。

大腦的特徵如上述，由各種不同的部位分工合作，並在彼此達到協調之下發揮作用。

大腦各部位的工作分配

運動區、運動聯合區

負責掌控各部位的肌肉動作。傳送訊號至腦幹和脊髓的運動神經，進而發出動作指令。

體感皮質、體感聯合皮質

負責接收從皮膚、肌肉、關節等部位傳來的感覺資訊（觸覺、痛覺、溫度等），並進行辨識與判斷。

頂葉聯合區

可根據視覺或體感，理解如某物品放在某處等空間性的位置關係。

前額前區

腦部的至高中樞，負責調節整體大腦活動，與思考和創造有極深的關聯。亦稱為額葉聯合區。

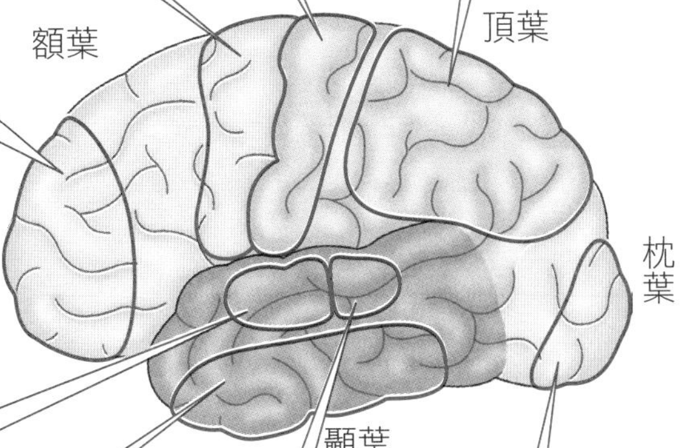

聽覺皮質、聽覺聯合皮質

負責接收耳朵深處的耳蝸所接收到的聲音或話語等聽覺資訊，並進行辨識、判斷與記憶。

側頭聯合區

負責統合來自視覺皮質或聽覺皮質的資訊，並進行顏色、形狀、聲音的辨識。亦與記憶、語言的理解有所關聯。

感覺性語言區

負責理解耳朵聽到的話語含意，亦稱為韋尼克區。一般來説，左腦的感覺性語言區會比右腦來得大。

視覺皮質、視覺聯合皮質

眼睛看到的資訊（由視網膜轉換為訊號的視覺資訊）傳來後，負責接收該資訊，並進行辨識、判斷與記憶。

※除上述部位之外，另有嗅覺皮質、味覺皮質、運動性語言區（布若卡皮質區）等部位。

大腦皮質依其部位不同，可發揮不同的功能！

45 左、右腦如何分配工作並取得平衡？

一個人的特性會依語言區的狀態而定?!

左、右腦在運動和感覺方面的功能並無差異，但在知識方面是有所區隔的。

一般來說，左腦具有語言、計算等理論性的功能，右腦則具有空間認知、技術性作業等直覺性的功能。

一般認為這是因為負責掌控語言活動的語言區所在位置大大偏向左腦，才會產生差異。不過，儘管範圍不大，有些人的右腦也擁有語言區，所以並非所有人都會有相同的差異。

人類並非左右均等地在驅使腦部，其平衡因人而異。每個人所擅長與不擅長的事物之所以會有所差異，或許就是受此的影響。

此外，人類的身體構造是由右腦控制左半身的動作、左腦控制右半身的動作，這是因為從腦部通往全身的神經在延髓部位左右交叉，才會呈現出這般身體構造。

在眼部也可觀察到前述所言之「交叉控制」現象，眼部的右側視野是靠左腦、左側視野是靠右腦來處理資訊。

目前已得知幾乎所有右撇子的語言區皆位在左腦，但如果是個左撇子，可發現其語言相關活動有時會橫跨左、右腦來進行。

在左撇子或雙撇子的人當中，時而會出現如李奧納多·達文西那般具有獨創性的天才，這有可能就是受到上述的腦活動特徵所影響。

職業運動選手當中也有人會訓練自己成為雙撇子，這當中的原因或許與特殊能力有關也說不定。

左、右腦的工作分配

左、右腦的作用

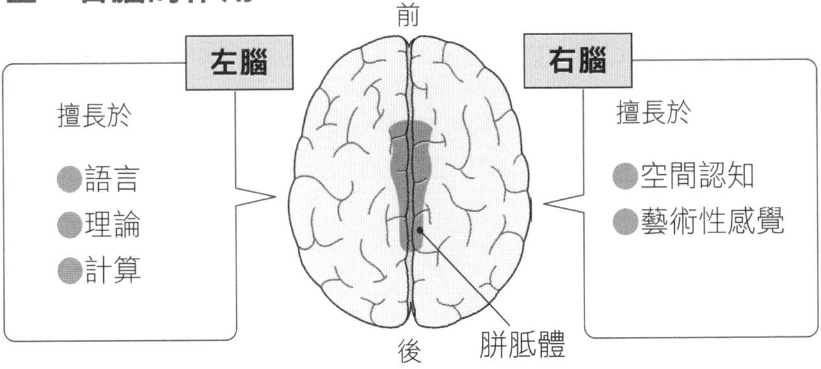
前
左腦
擅長於
●語言
●理論
●計算
右腦
擅長於
●空間認知
●藝術性感覺
後
胼胝體

從腦部通往末梢的傳遞路徑

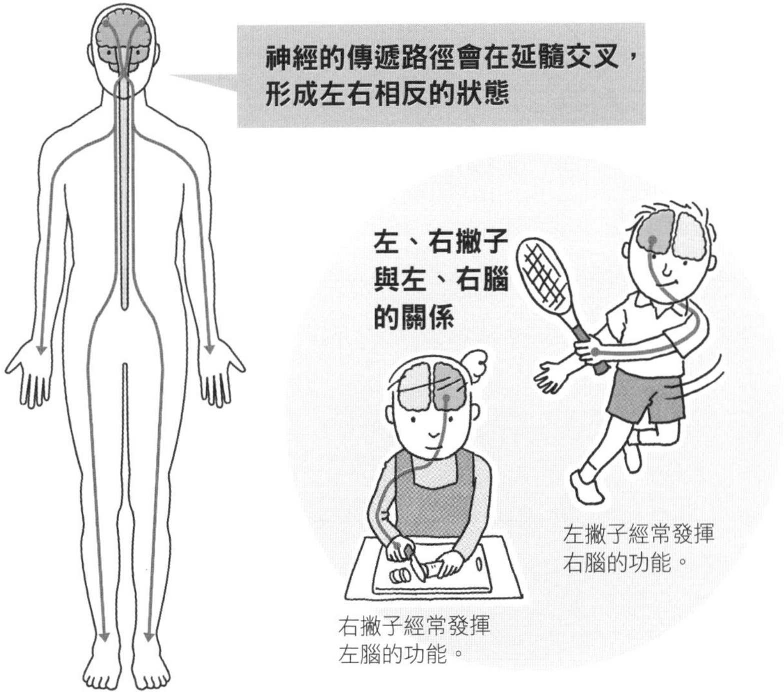
神經的傳遞路徑會在延髓交叉，
形成左右相反的狀態
左、右撇子
與左、右腦
的關係
左撇子經常發揮
右腦的功能。
右撇子經常發揮
左腦的功能。

46 前額前區——大腦的指揮中心

創造符合人類表現之高度精神性的重要部位

額葉有掌控運動功能的運動區、在對話時起重要功能的運動性語言區（布若卡皮質區），以及掌控思考、判斷等高度智力活動的前額前區。在理解大腦的功能上，前額前區最重要。

包含側頭聯合區、頂葉聯合區在內，前額前區會收集大腦各部位的資訊，並根據收集到的資訊，發揮認知、執行的功能。藉由這樣的功能，前額前區得以配合目的，計畫性地決定行動或創造出新事物。將腦部稱為身體的指揮中心，那麼前額前區就會是大腦的指揮中心。

現在就依左頁的具體圖例，一起來了解前額前區如何發揮功能吧！左頁的圖例是一位駕駛停車等紅燈時，看見號誌轉為綠燈，便繼續往前開車的情境。這時，**大腦會在前額前區發揮重要功能之下，進行「資訊處理↓判斷↓命令↓執行動作」的一連串活動**（實際上，當中還包含了更多複雜的腦部與神經作用，在這裡為求簡單易懂而加以簡略化）。

另外，目前也已得知前額前區與喜怒哀樂的情感和欲望也有所關聯。

舉例來說，前額前區也會傳遞資訊給位於大腦深處負責掌控「開心、不開心」、「害怕、不害怕」等情感、被稱為杏仁核的部位，進而影響該判斷。由於前額前區所傳遞的資訊，是根據儲存於大腦內的各種資訊進行評估後才做出的判斷，因此也可稱為「理性」。也就是說，**前額前區發揮著高度的功能，創造出不被情感牽動、符合人類表現的成熟活動。**

身為「大腦指揮中心」的前額前區

號誌轉為綠燈

看見綠燈後，做出「往前開車」的判斷

綠燈的資訊傳入視覺皮質後，會被拆解為顏色、形狀、動作等各種資訊，傳遞到各部位。頂葉聯合區認知到自我位置、側頭聯合區認知到號誌已轉為綠燈後，這些資訊會傳入前額前區。前額前區同時也會接收到「綠燈前進」的知識，並做出「往前開車」的判斷。

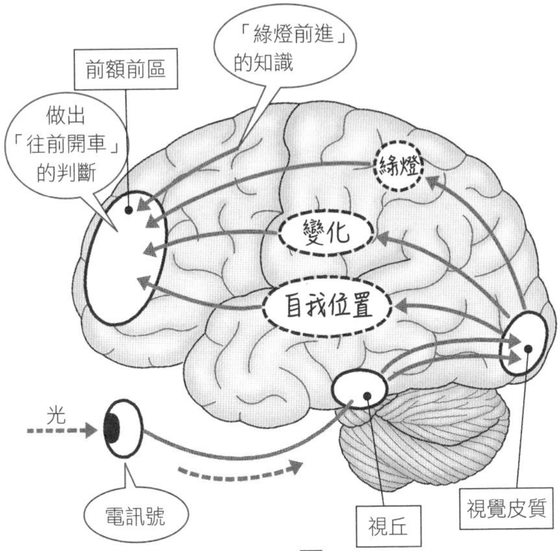

往前開車

發出踩油門的命令，並執行動作

前額前區會對運動聯合區發出「往前開車」的命令。運動聯合區設計好踩油門的運動程序後，運動區會根據該運動程序發出指令要求身體動作肌肉，進而踩下油門。在這之間，小腦會補正動作上的偏差。

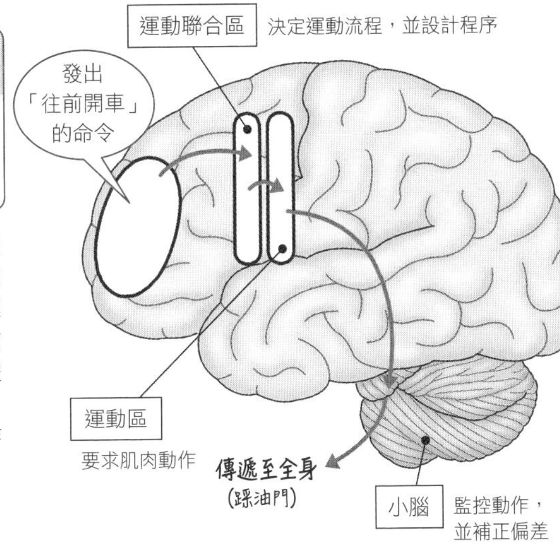

圖示資料：《讓人跌破眼鏡的腦科學》（暫譯，目からウロコの脳科学，PHP研究所出版）富永裕久著、茂木健一郎監修。

47 大腦邊緣系統——形成欲望或恐懼等原始情緒的部位

一路來為了生存而得以發達的「動物腦」

我在前面已多次提到過，大腦皮質掌控了認知、思考、判斷、語言等具智力且高度的精神活動，但**位於大腦皮質內側的大腦邊緣系統，卻是掌控食慾或性慾等欲望、開心或恐懼等在無意識之中湧現的原始情感。**

儘管都屬於大腦，在智力方面發揮作用的大腦皮質又稱新皮質，被稱為「人類才有的腦」，相反地，具原始性的大腦邊緣系統又稱舊皮質、古老皮質，被稱為「動物腦」。

大腦邊緣系統是在古老的演化階段所形成的腦，人類在演化的路上走過爬蟲類、舊哺乳類的過程，至今還殘留著當時所擁有的腦。

位於大腦邊緣系統的海馬迴，是從爬蟲類時期殘留至今的古老皮質。同樣地，杏仁核和伏隔核屬於從舊哺乳類時期殘留至今的舊皮質。

大腦邊緣系統圍繞在連接左、右腦的胼胝體四周，由扣帶迴、伏隔核、杏仁核、海馬迴等部位所構成，各自具有如左頁所示的功能。

這些功能都是動物在生存上不可或缺的功能，透過動物實驗，我們發現猴子少了杏仁核後，在面對理應讓牠們害怕得逃之夭夭的天敵，也就是蛇的時候，會變得毫不在乎。

另外，有時在海馬迴受損的人身上，也會觀察到記得舊時的記憶，卻記不住新事物的狀況。

大腦邊緣系統附近還有嗅腦的存在，嗅腦包含了負責處理氣味資訊的嗅球等部位，**目前已得知氣味資訊也會傳遞到海馬迴和杏仁核，進而喚起記憶和情感。**

大腦邊緣系統的構造

大腦邊緣系統位於大腦新皮質內側，圍繞著大腦基底核（細節請參照下篇內容）而存在。

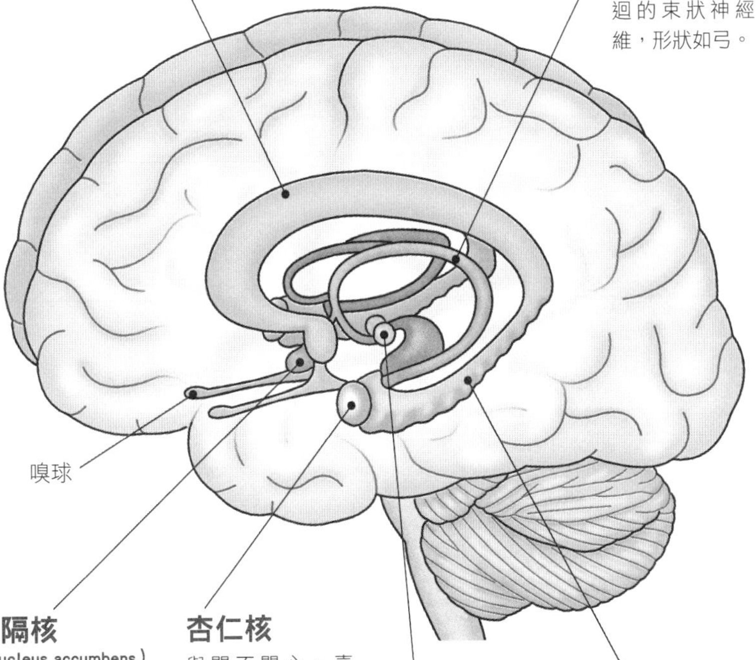

扣帶迴
負責將來自杏仁核的開心與否等資訊，或來自下視丘的欲望加以整理後，傳遞給大腦皮質。與形成動機有所關聯。位於胼胝體的外圍。
穹窿（fornix）
連接乳頭體和海馬迴的束狀神經纖維，形狀如弓。
嗅球
伏隔核
（nucleus accumbens）
支撐前額前區的活動，與幹勁有所關聯。可生成GABA（γ-氨基丁酸）。
杏仁核
與開不開心、喜惡、恐懼等原始情感有所關聯。因形狀如杏仁，而被稱為杏仁核。
乳頭狀體
（mammillary bodies）
與形成記憶有所關聯，會和海馬迴、視丘等部位分工合作。
海馬迴
與記憶有極深的關聯，因形狀長得像海馬而得其名。

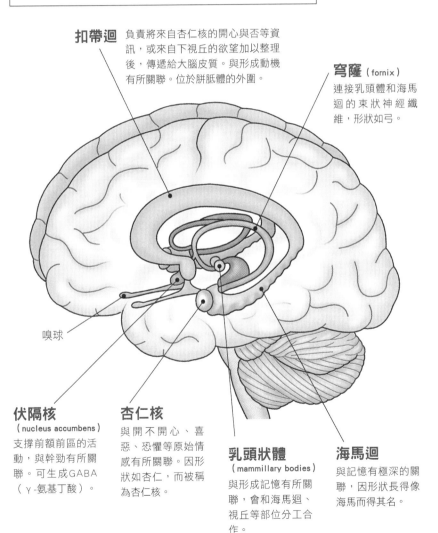

48 大腦基底核可發揮促使動作變得熟練的作用

位於大腦最深處的調節運動網路

大腦基底核的位置比大腦邊緣系統更偏向內側，並圍繞在腦幹最上方的視丘外圍。**大腦基底核是在資訊傳遞之際負責執行轉傳或分流動作的神經核團，其存在如同一個網路連接起大腦皮質與視丘（將身體接收到的感覺資訊轉傳至大腦皮質）**。

大腦基底核是由紋狀體（尾狀核被殼）、蒼白球、視丘下核、黑質等部位構成。

紋狀體負責在接受來自大腦皮質（額葉或頂葉）的電訊號輸入後，執行轉傳的動作，蒼白球則負責把來自紋狀體的訊號輸出給視丘，最後，由視丘將訊號回傳給大腦皮質。

專家認為此神經迴路除了可促使運動開始或結束之外，也具有運動學習功能。

照著大腦皮質的指令做出正確動作後，黑質會釋放多巴胺以作為報酬，在此等機制下反覆累積經驗後，動作就會變得越來越熟練。

萬一大腦基底核不慎受損時，將會引發不自主地動作四肢、身體扭動不停的障礙。巴金森氏症也是大腦基底核受損的疾病，病患會出現動作遲鈍或漸漸無法動作身體的症狀，這是一種因缺乏黑質所釋放的多巴胺而使得傳遞至大腦皮質的訊號減弱，導致身體不再動作的疾病，使用多巴胺進行藥物投予可達到治療效果。

以目前來說，仍未掌握到大腦基底核功能的全貌。根據推測，大腦基底核與記憶、認知功能、臉部表情也有所關聯。

大腦基底核的構造

大腦基底核位於大腦邊緣系統的內側、小腦的上方，圍繞著屬於間腦一部分的視丘而存在。

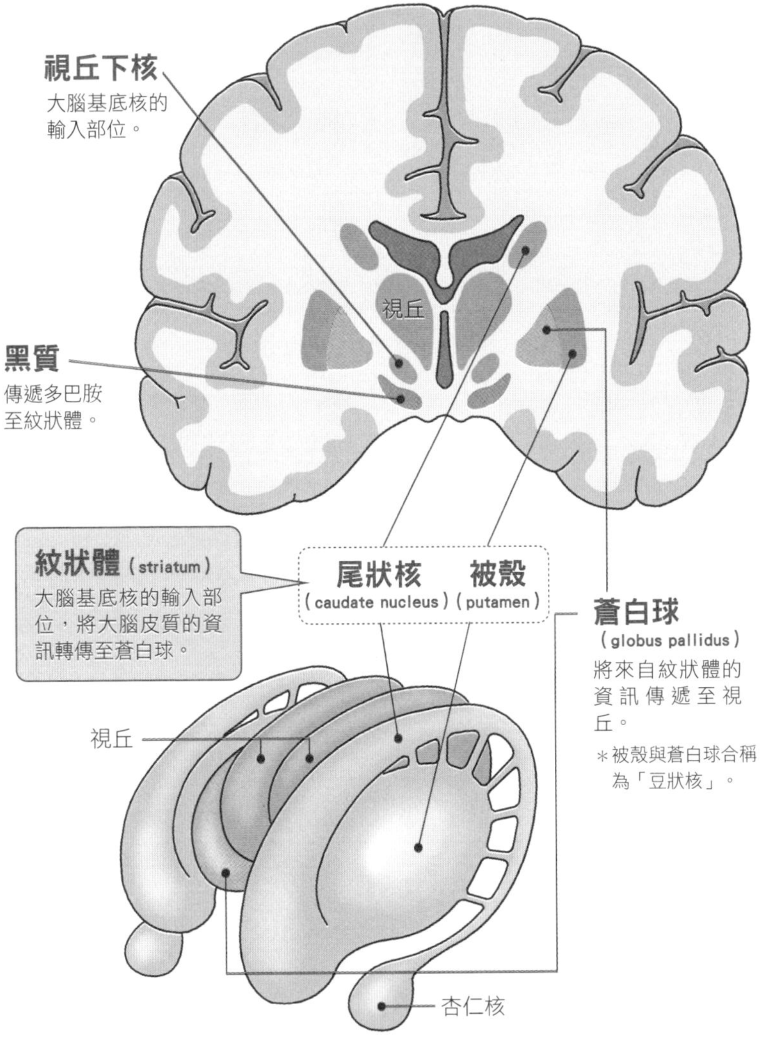

視丘下核
大腦基底核的輸入部位。
視丘
黑質
傳遞多巴胺至紋狀體。
紋狀體（striatum）
大腦基底核的輸入部位，將大腦皮質的資訊轉傳至蒼白球。
尾狀核（caudate nucleus）
被殼（putamen）
蒼白球（globus pallidus）
將來自紋狀體的資訊傳遞至視丘。
＊被殼與蒼白球合稱為「豆狀核」。
視丘
杏仁核

49 大腦可發揮作用創造出各種記憶

人類靠著使用多種記憶而生存

記憶可依記得住的期間長短，分為短期記憶與長期記憶。

在短期記憶方面，叫外送時會暫時記住店家的電話號碼就是一個例子，也就是指唯有從事某作業時的短期間會有的記憶。

在長期記憶方面，依其內容可分為陳述性記憶與非陳述性記憶。

陳述性記憶是指可透過話語傳達的記憶，可分為「情節記憶」與「語意記憶」。

情節記憶是指與實際經歷的事物有關，與感覺、情感也有著極深的關聯，屬於長期間不會遺忘的記憶（腦部尚未發展完成、約3歲前的幼兒並無這方面的記憶）。語義記憶是指不斷反覆而記住的，也就是「知識」，但若一直未使用，就會想不起來。

人們會像這樣形成記憶，與大腦邊緣系統的海馬迴有著極深的關聯。

透過見聞而傳入腦部的資訊，會先以短期記憶的狀態暫時儲存在海馬迴，之後再予以刪除。不過，**海馬迴會整理記憶，並進行有無記住的篩選動作後，再將判斷為應記住的資訊傳遞給大腦皮質**。這時記憶就會被固定住，並視為長期記憶儲存下來。

如果將腦部比喻成電腦的話，海馬迴就相當於記憶體，大腦皮質則是硬碟。

另一方面，非陳述性記憶是指伴隨運動的記憶，被稱為程序記憶，這不是由海馬迴，而是以大腦基底核與小腦為中心來形成記憶。

記憶的分類與種類

- **記憶**
  - **短期記憶**：短期記憶是指為了從事某作業而有的短暫記憶，也被稱為工作記憶。完成該作業後，就會遺忘。
  - **長期記憶**：長期記憶是指回憶、知識、所學的技巧等長時間儲存在腦部的記憶。可大致區分為陳述性記憶與非陳述性記憶。
    - **陳述性記憶**：陳述性記憶是指可透過話語或圖畫來表達的記憶。
      - **情節記憶**
      - **語意記憶**
    - **非陳述性記憶**：非陳述性記憶是指無法透過話語或圖畫來表達的記憶。
      - **程序記憶**

情節記憶

情節記憶是與「何時、何處、何事」等親身經驗或事件有關的記憶。這部分不需要特地去記，也自然會記住。

例　「搭捷運來到這裡」、「小時候被狗咬過」、「大家一起去旅行」

……等等

語意記憶

語意記憶是與話語含意、數學等一般知識或常識有關的記憶。這部分是透過學習而有的記憶，但如果一直沒有使用就會忘記。

例　話語或文字的含意、人事物的名稱、「1+1=2」、「蘋果是紅色的」之類的知識

……等等

程序記憶

程序記憶是指身體透過體驗或經驗而記住的運動技巧、認知技能等記憶。這部分一旦有了記憶，就不太容易忘記。

例　樂器演奏方法、游泳方法、腳踏車騎法

……等等

50 時而忘記、時而想起的記憶機制

記憶如何存在之謎逐漸明朗化

從海馬迴傳遞到大腦皮質的陳述性記憶的資訊會刺激神經細胞，促使大量神經細胞與突觸組合，**如此形成的記憶迴路將會儲存於大腦皮質**。想要找出記憶時，可藉由傳送電訊號給該記憶迴路，進而喚醒記憶。**不過，長時間沒有被回想起的記憶，將會一一被刪除。**

或許有人會認為有了歲數後，就會變得健忘而失去記憶，但不見得就是如此。

健忘的原因在於欲找出記憶的電訊號能量因老化而減弱，導致訊號無法順利傳遞至記憶迴路，並不是因為記憶本身消失才會健忘。

對於不願忘記的記憶，提醒自己做回想的動作顯得重要。

根據近來的研究，已逐漸解析出記憶儲存在腦部的位置會依種類不同，而有所差異。情節記憶的儲存位置在額葉、語意記憶在顳葉、與情感相關的記憶在杏仁核。

另一方面，非陳述性記憶（程序記憶）會儲存於大腦基底核的紋狀體以及小腦。

大腦基底核會在腦部欲控制肌肉動作或停止動作時發揮作用，而小腦會發揮調整細微動作的作用來幫助肌肉可動作得更加流暢。當人們利用這樣的作用來動作身體，並且多次反覆動作後，紋狀體與小腦就會架構出神經細胞網路。腦部將藉由神經細胞網路來學習正確動作，並形成記憶。

像這樣架構出來的神經細胞網路會一直存在，永遠不會消失。

腦部中與儲存記憶有關的部位

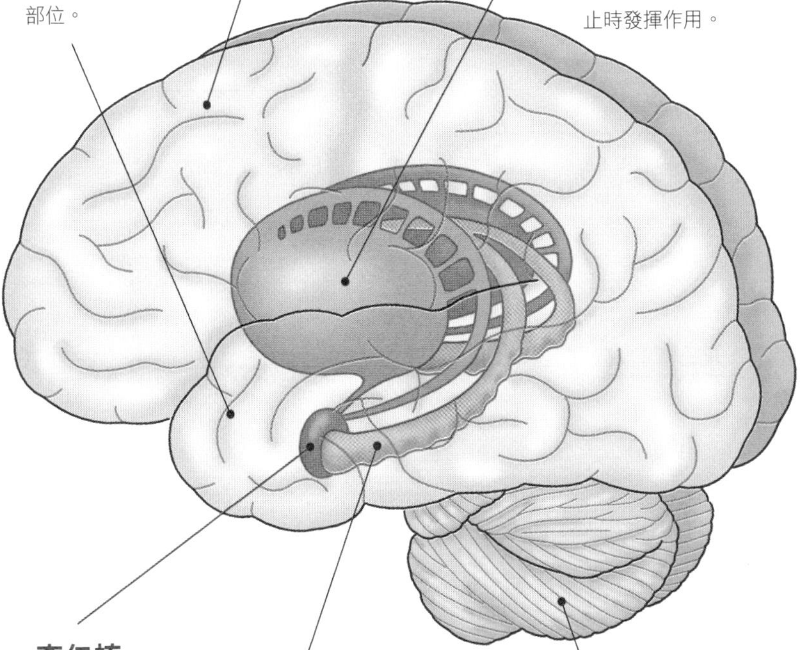

額葉
情節記憶的儲存部位。
大腦基底核
非陳述性記憶的儲存部位。與小腦相比，這裡的記憶屬於偏簡略性的動作記憶，可在欲使肌肉動作或停止時發揮作用。
顳葉
語意記憶的儲存部位。
杏仁核
情感記憶的儲存部位。
海馬迴
短期記憶的存放倉庫。可暫時儲存記憶，並選擇欲長期記憶的資訊。
小腦
非陳述性記憶的儲存部位。屬於調整細微動作的記憶，可在欲調整肌肉動作，進而促使該動作更加流暢時發揮作用。

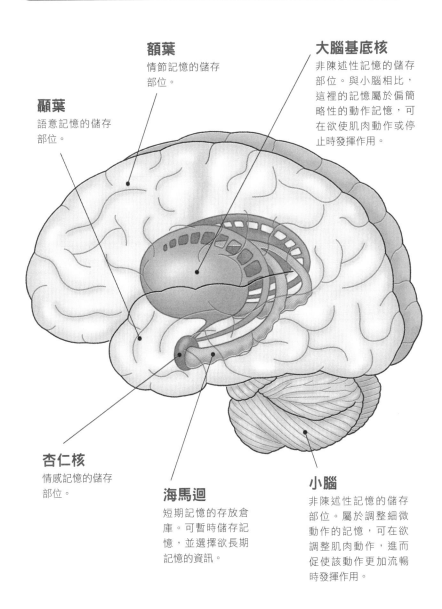

51 睡眠是大腦的充電時間

睡眠中，腦部會以有別於白天的模式持續活動

為了應付每天不間斷的精神活動以及運動控制，大腦總是消耗龐大的熱量積極工作。因此，大腦必須有時間休息，也就是睡眠。

話雖如此，但腦部在睡眠中並非完全進入休息狀態，即便進入休息狀態，掌控維持生命活動的腦幹以及部分大腦仍持續在工作，並且以有別於白天的模式進行活動。

睡眠中的活動模式可分為兩種，分別是「REM睡眠」以及「NREM睡眠」。

「REM睡眠」是指儘管身體處於睡著的狀態，腦部仍活躍活動的淺層睡眠，「NREM睡眠」則是指幾乎所有大腦活動都停止下來的深度睡眠。「REM」是快速動眼（Rapid Eye Movement）的意思，因為在REM睡眠狀態時，眼球會在眼瞼底下快速轉動。

睡眠中，短時間的REM睡眠會在長時間的NREM睡眠之間出現，並且一個晚上反覆4～5次。根據推測，NREM睡眠的目的在於讓大腦休息，而REM睡眠的目的在於引導我們從NREM睡眠的狀態迎向覺醒。

另外，目前已得知在睡眠中（尤其在REM睡眠中），包含海馬迴在內的記憶相關部位都活躍展開活動，忙著整理白天體驗到的記憶以及形成所需的記憶。

此外，也有多份研究報告指出這些活動與作夢有所關聯，當中有一說法表示，腦部有可能是在睡眠中以作夢的形態重現白天經驗到或學習到的資訊，進而藉此篩選記憶。

睡眠中交互出現的REM睡眠與NREM睡眠

REM睡眠

身體處於睡眠狀態，但腦部會持續活動的淺層睡眠。愈接近清晨時刻，REM睡眠的時間就會愈長。REM睡眠會以90分鐘的間隔出現，每次約10～30分鐘。這時會因為腦部的活動而作夢，也會做眼球運動。

對腦部的效果

整理、選定記憶。

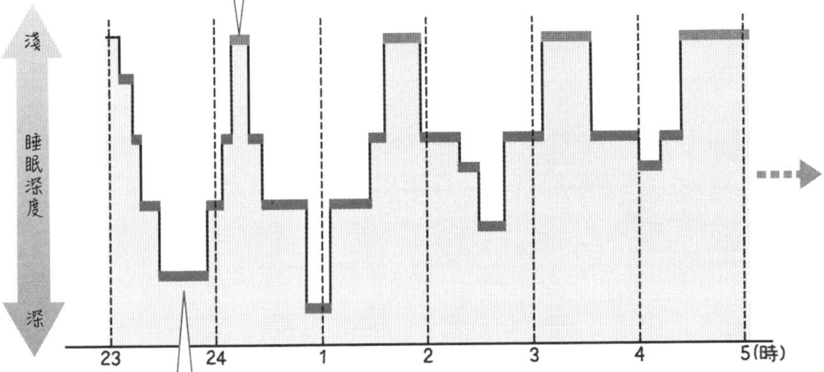

NREM睡眠

雖然身體會做出翻身等動作，但腦部不會有活動的深度睡眠。其深度有階段之分，愈接近清晨時刻，深度就會愈淺，時間也會愈短。這時因為腦部停止了活動，所以不會作夢，也不會做眼球運動。

對腦部的效果

消除累積於腦部的疲勞。

你有多了解腦部？

一定要知道的腦部基本冷知識

冷知識1

如果把神經細胞一個一個串起來，可以繞上地球25圈

腦部是由可發出電訊號來傳遞資訊的神經細胞所構成，神經細胞的數量多達數百億至1,000億個以上。一個個獨立的神經細胞被稱為「神經元」（Neuron），其構成部位除了細胞體之外，還包含軸突、樹突。如果把這些神經細胞全部串接在一起，長度可達100萬公里，這相當於繞地球25圈的距離。

神經細胞之間是靠著名為突觸的部位互相結合，並進行訊號的傳遞，其傳遞速度之快，達到秒速120公尺。

冷知識2

腦容量相當於4TB的硬碟

如果把腦部當成電腦來看，不知道會有多少記憶容量？這部分有各種試算方式，若根據美國某研究所的發表內容來說，整體腦部約有1PB（相當於1,024TB）的記憶容量。

1PB的容量相當於緊密排列著文件的四層書架有2,000萬個那麼多的文字資訊，如果換成以高畫質的影片來衡量，那會是可達13.3年分的資料量。

對人類來說，腦部是最重要的器官，

但其實有挺多我們不了解之處。

在這裡，我想為大家介紹腦部的基本知識，

日後大家在分享這些知識時，應該會很有成就感喔！

冷知識3

腦部是消耗氧氣最多的器官

身體吸收到氧氣後，氧氣會隨著血液在體內循環，而腦部是消耗最多氧氣量的器官。假設吸收到的氧氣量為100的話，當中分配給腦部的氧氣量會是20。以身體所有器官的數量來看，腦部的氧氣消耗量可說相當龐大，但這也意味著腦部必須有如此大量的新鮮氧氣，才能發揮作用。

另外，飯後之所以會產生睡意，是因為多數氧氣被消耗於消化食物，導致分配給腦部的氧氣不足所造成。

冷知識4

腦部愈重的人愈聰明？

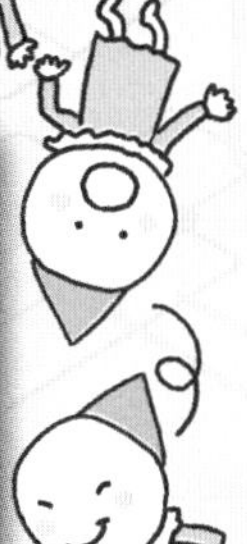

出生時，男、女生的腦部重量都是370～400公克。長大成人後，男性的腦部會成長到1,350～1,500公克，女性會成長到1,200～1,250公克。這樣的重量相當於體重的2%。

雖然我們經常會聽到有個說法表示，腦袋聰明的人擁有比較重的腦部，但不見得腦部比較重就會比較聰明。愛因斯坦被譽為20世紀最偉大的天才，但據說他的腦部重量只有1200公克再多一點點而已。

冷知識5

男性和女性的腦部構造不一樣嗎？

雖然同為人類，但男性和女性的腦部構造有著些微差異。不過，並非整體腦部有所差異，而是在負責連接左、右腦的前連合和胼胝體，以及掌控本能的下視丘部分，可觀察到男女差異。

至於這些依性別不同而有的構造上的差異，會使得男、女性的人格出現什麼樣的分歧，目前尚未有明確的答案。不過，據說男性的空間認知能力較強，女性則是擁有較高的語言能力。

冷知識6

右腦派和左腦派的腦部有所不同嗎？

右腦和左腦各自發揮著不同的作用，右腦掌控感覺性、直覺性的思考，左腦則是負責進行理論性的思考，並掌控語言。

基於這樣的理由，一般認為右腦較能發揮作用的人適合從事創造性的工作，左腦較能發揮作用的人則適合從事理論性的工作，但腦部的作用並非如此單純，而上述的認知也早已遭到推翻。右腦派和左腦派之分，並非來自於腦部功能的差異。

冷知識7

頭腦好壞會依腦部的皺褶數量而定？

頭腦好的人的腦部會有很多皺褶，我們經常會聽到這樣的說法，但此說法毫無根據。

腦部的皺褶是指大腦皮質表面的凹陷處（腦溝）。人類的腦部皺褶面積達1,600~2,000平方公分，足足有顱骨內部面積的3倍大。有說法表示腦部之所以會產生皺摺，是為了可以完整地塞進顱骨內。

據說腦部的皺褶不像隨便把紙張捏成一團時會產生的不規則皺褶，而是具有一定的規則性。

冷知識 8

腦部是以糖分為養分在發揮作用

一般來說，腦部的養分會是葡萄糖。另外，腦部所需的熱量是人類所攝取之熱量的四分之一。為了使腦部正常發揮作用，就必須有這麼多的熱量，意思就是，腦部是個「大胃王」。

腦部是透過從嘴巴吃進肚子裡的食物來攝取養分。因此，如果進行不適當的減重，對腦部也會帶來不良影響。

冷知識 9

「鬼壓床」其實也跟腦部有關！

「鬼壓床」是指睡覺時身體突然動彈不得的現象。雖然此現象被形容是因為遭到惡鬼附身才會發生的靈異現象，但事實上，鬼壓床也跟腦部有所關聯。

在進入會作夢的REM睡眠時，會出現被稱為睡眠麻痺的現象，這就是所謂鬼壓床的狀態。也就是腦部明明很清醒，身體卻是處於睡眠的狀態。陷入這樣的狀態時只要等待時間過去，身體自然就能夠動作，所以不需要害怕或恐慌。

冷知識 10

為什麼一緊張就會「腦袋一片空白」？

「我緊張到腦袋一片空白。」我們經常會聽到人們說這句話，這時候腦內究竟呈現什麼樣的狀況呢？陷入緊張時，掌控記憶的海馬迴會接收到「我很緊張」的訊號，這麼一來，海馬迴就會找出過往的失敗記憶。苦澀的失敗記憶會讓人變得無法思考其他事情。

如果你是個容易緊張的人，只要事前先想像一下自己站在人前的狀況，到了正式上場時就會有種「跟我想像的一樣」的感覺，進而減緩緊張情緒。還有，做深呼吸也十分具有效果。

國家圖書館出版品預行編目資料

腦的應用科學：一本講透大腦結構、解析腦力關鍵、助你掌握 AI 時代的大腦活用術 / 茂木健一郎著；林冠汾譯 .-- 初版 . -- 臺中市：晨星 , 2021.08
面；　公分 . --（勁草生活 ; 481）

譯自：眠れなくなるほど面白い 図解 脳の話

ISBN 978-626-7009-00-0（平裝）

1. 腦部 2. 神經學

394.911　　　110009303

勁草生活 481

腦的應用科學

一本講透大腦結構、解析腦力關鍵、助你掌握 AI 時代的大腦活用

眠れなくなるほど面白い 図解 脳の話

作者	茂木健一郎
譯者	林冠汾
編輯	王韻絜
校對	陳品蓉、王韻絜
封面設計	戴佳琪
內頁排版	曾麗香
創辦人	陳銘民
發行所	晨星出版有限公司 407 台中市西屯區工業 30 路 1 號 1 樓 TEL：（04）23595820 FAX：（04）23550581 http://star.morningstar.com.tw 行政院新聞局局版台業字第 2500 號
法律顧問	陳思成律師
出版日期	西元 2021 年 08 月 01 日　初版 1 刷
讀者服務專線	TEL：（02）23672044 /（04）23595819#230
讀者傳真專線	FAX：（02）23635741 /（04）23595493
讀者專用信箱	service @morningstar.com.tw
網路書店	http://www.morningstar.com.tw
郵政劃撥	15060393（知己圖書股份有限公司）
印刷	上好印刷股份有限公司

歡迎掃描 QR CODE
填線上回函

定價 350 **元**

ISBN 978-626-7009-00-0